Illustrator 平面
设计与制作

主 编 杨雪飞 姚婧妍

副主编 张 昕 袁能燕 胡振波

校 订 姚金龙 梁 安

北京理工大学出版社

BEIJING INSTITUTE OF TECHNOLOGY PRESS

内 容 简 介

本书是适合初学者自学 Illustrator 的实战项目教程，全书包含 35 个案例及操作视频、30 个实例素材及效果文件、10 个项目教学 PPT 及备课教案，不仅囊括了 Illustrator 的基本操作方法，还涵盖了 UI 设计、艺术字设计、海报设计、包装设计及书籍装帧等相关领域。读者在动手实践的过程中可以轻松地掌握软件的使用技巧，了解各个项目的制作流程，真正做到学以致用。

本书适合广大的 Illustrator 爱好者，以及从事广告设计、平面创意、包装设计、UI 设计的人员学习参考，亦可作为院校相关专业的教材。

版权专有　侵权必究

图书在版编目（CIP）数据

Illustrator 平面设计与制作 / 杨雪飞 , 姚婧妍主编
. -- 北京 : 北京理工大学出版社 , 2022.2

ISBN 978-7-5763-1044-3

Ⅰ . ① I… Ⅱ . ①杨… ②姚… Ⅲ . ①平面设计—图形
软件 Ⅳ . ① TP391.412

中国版本图书馆 CIP 数据核字 (2022) 第 030690 号

出版发行 / 北京理工大学出版社有限责任公司

社　　址 / 北京市海淀区中关村南大街 5 号

邮　　编 / 100081

电　　话 /（010）68914775（总编室）
　　　　　（010）82562903（教材售后服务热线）
　　　　　（010）68944723（其他图书服务热线）

网　　址 / http：//www.bitpress.com.cn

经　　销 / 全国各地新华书店

印　　刷 / 定州市新华印刷有限公司

开　　本 / 889 毫米 × 1194 毫米　1/16

印　　张 / 11　　　　　　　　　　　　　责任编辑 / 张荣君

字　　数 / 230 千字　　　　　　　　　　文案编辑 / 张荣君

版　　次 / 2022 年 2 月第 1 版　2022 年 2 月第 1 次印刷　　责任校对 / 周瑞红

定　　价 / 75.00 元　　　　　　　　　　责任印制 / 边心超

前言

PREFACE

Adobe Illustrator 是 Adobe 公司推出的一款优秀的处理软件。该软件主要应用于印刷出版、海报设计、书籍排版、专业插画、多媒体图像处理和互联网网页制作，是众多设计师们的首选软件。利用它的强大功能，可以轻松实现自己的创意和构想。

1. 本书结构和特点

本书从实际出发，在校企合作的基础上，按照"以服务为宗旨，以就业为导向"的指导思想，以工作项目为导向，用简单而真实的企业平面设计任务驱动，由浅入深地带领读者熟悉 Illustrator 的主要知识。

通过 10 大类 18 个商业综合案例，涵盖 Logo 设计、名片设计、艺术字设计、文字排版、菜单设计、公益海报设计、商业海报设计、包装设计和书籍装帧设计等商业案例，全面提高读者的商业设计实践水平。本书提供了各个案例所需要用到的素材、源文件和实操视频，便于读者跟进练习，还为教师提供了配套的教案和课件，方便教师的课堂教学工作。

本书的每个项目均采用"知识准备"—"项目实战"—"拓展设计"的结构，使每个项目既有相关知识点的详细讲解，又有相关行业知识的介绍及优秀作品的赏析。在"项目实战"中，用简洁明了的操作，手把手引导读者分步完成项目，通过理论与实践相结合，带领读者掌握核心知识点。课后，通过本项目的拓展任务，进一步强化读者对知识点的领悟，达到小结升华的目的。

2. 内容安排

本书以典型工作过程为主线，单元项目难度呈阶段性上升，每个项目完成后掌握相关知识点。采用项目—拓展式的教学模式和示范操作、模拟训练方法来实现教学过程。

本书语言通俗、易懂，案例典型、实用，并配以大量的图示讲解，可以作为院校相关专业的教材。本书同时适合有一定计算机操作基础的平面设计爱好者自学使用，也可以作为各类平面设计培训班的教材。

在本书的编写过程中，参考了相关文献资料，还引用了网络中部分公开的图片，在此向原作者和相关网站表示感谢。

通过扫描二维码，可以获取本书提供的各个项目案例制作过程的教学视频和相关课件，以及所有项目案例和项目拓展案例的 AI 源文件和素材文件。

本书在编写过程中，虽然精心准备，尽量考虑周全，但是难免存在疏漏或不妥之处，敬请专家、同行与读者批评指正。

编　者

CONTENTS

目录

项目 1

认识 Adobe Illustrator

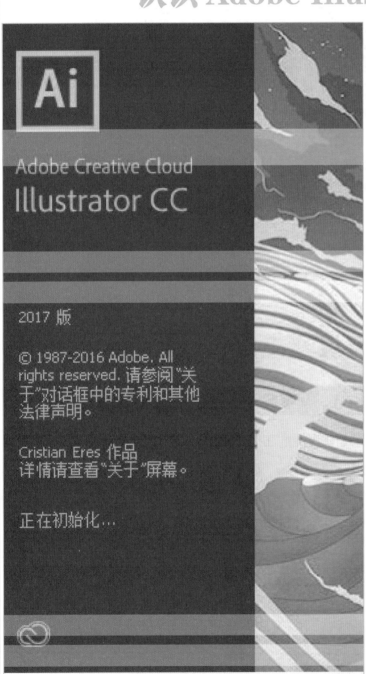

- ■ Illustrator 的工作环境
- ■ 图形图像基础知识
- ■ 色彩基础知识
- ■ 印刷输出知识

　　Illustrator 是 Adobe 公司出品的重量级矢量绘图软件，是出版、多媒体和网络图像的工业标准插画软件。自问世以来就备受世界各地设计人员的青睐，Illustrator 可以将矢量插图、版面设计、位图编辑、图形编辑及绘图工具等多种元素融为一体，广泛地应用于广告平面设计、CI 策划、网页设计、插图创作、产品包装设计、商标设计等多个领域。本书所使用的 Illustrator 版本为 Illustrator CC 2017，后文均用 Illustrator 来表示其启动界面如图 1-1 所示。

图1-1　Illustrator启动界面

1.1　Illustrator的工作环境

1.1.1　认识Illustrator工作界面

　　Illustrator 的工作界面与 Adobe 家族其他软件的工作界面类似，特别是与 Photoshop 的工作界面相似，均由菜单栏、控制栏、标题栏、工具箱、文档窗口、面板、状态栏等部分组成。

　　启动 Illustrator 软件，执行【文件】→【打开】命令，打开一个文件，可以看到 Illustrator 的工作界面如图 1-2 所示。

图1-2　Illustrator工作界面

（1）菜单栏

菜单栏用于组织菜单内的命令。Illustrator 包含 9 个主菜单，每个菜单中都包含不同类型的命令，如图 1-3 所示。

图1-3　菜单栏

（2）控制栏

在控制栏中显示了当前所选工具的设置选项。当前所使用的工具不同，控制栏中的设置选项也会随之改变，如图 1-4 所示。

图1-4　控制栏

（3）标题栏

标题栏中显示了当前文档的名称、视图比例和颜色模式等信息。当文档窗口最大化显示时，以上内容将显示在文档窗口的标题栏中，如图 1-5 所示。

棒棒糖.ai @ 66.67% (RGB/预览)　×

图1-5　标题栏

（4）工具箱

工具箱中包含了 Illustrator 中用于创建和编辑图像、图稿和页面元素的工具，如图 1-6 所示。

（5）文档窗口

文档窗口显示正在使用的文件，是编辑和显示文档的区域，如图 1-7 所示。

（6）面板

面板用于配合编辑图稿，设置工具参数和选项等内容。很多面板都有菜单，包含特定于该面板的选项，可以对面板镜像编组、堆叠和停放等操作，如图 1-8 所示。

图1-6　工具箱　　　　　　　　　　图1-7　文档窗口　　　　　　　　　图1-8　面板

（7）状态栏

在状态栏中可以显示当前使用的工具、日期和时间，如图 1-9 所示。

图1-9　状态栏

1.1.2　设置工作环境

Illustrator 预设了多种工作区，用户可以通过个人的喜好和习惯，选择适合自己的工作区环境。单击菜单栏右侧的【基本功能】按钮，在弹出的下拉菜单中可以选择预设的工作区，包括 Web、上色、基本功能、打印和校样等。在设计海报作品时，可以选择【排版规则】工作区，如图 1-10 所示。

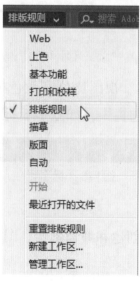

图1-10　【排版规则】工作区

1.2　图形图像基础知识

1.2.1　位图和矢量图

图形图像文件大致分为两大类：一类是位图文件；另一类是矢量图像文件。在生活中大部分看到的是位图，如画报、照片等。矢量图一般都应用于专业领域，如平面设计和二维动画中。

1. 位图

位图图像使用颜色像素来表现图像，位图上的每个像素点都有自己特定的位值和颜色值。位图图像与分辨率有关，也就是说，它们包含固定数量的像素。在屏幕上对它们进行缩放时，会丢失其中的细节，呈现锯齿状，放大对象前、后对比如图 1-11 和图 1-12 所示。

图1-11　位图图像放大前　　　　　　图1-12　位图图形放大后

位图的优点：能够制作出色彩和色调变化丰富的图像，可以逼真地表现出自然界的景象，同时也很容易地实现在不同软件之间交换文件。

位图的缺点：缩放和旋转时会产生失真的现象；同时文件较大，对内存和硬盘空间容量的要求也较高。用数码相机和扫描仪获取的图像属于位图。

2. 矢量图

矢量图是使用直线和曲线来描述图形的，这些图形元素由一些点、线、矩形、多边形、圆和弧线等组成，都是通过数学公式计算而获得的，在进行缩放和旋转操作时都不会失真，如图 1-13 和图 1-14 所示。

图1-13　矢量图像放大前　　　　　　图1-14　矢量图像放大后

矢量图像的优点：矢量图像也称为向量式图像，是用数学的矢量方式来记录图像内容，因此它的文件所占的容量较小，可以很容易地进行放大、缩小或旋转等操作，并且不会失真，精确度很高并可以制作 3D 图像。

矢量图像的缺点：不易制作色调丰富或色彩变化太大的图像，无法像照片一样精确地表现自然界的景象，同时也不易在不同软件间交换文件。

1.2.2　分辨率

分辨率是指每单位长度内所包含的像素数量，一般以"像素 / 英寸"（ppi）为单位。单位长度内像素数量越大，分辨率越高，图像的输出品质也就越好。常用的分辨率主要有以下 3 种类型。

1. 图像分辨率

图像分辨率是指每英寸图像所包含的像素数量，常用 ppi 表示。图像应采用什么样的分辨率，最终要由分布媒体来决定。如果图像仅用于在线显示，则其分辨率只需要匹配典型显示器的分辨率（72 ppi 或 96 ppi）；如果要将图像用于印刷，则其分辨率太低会导致打印图像像素化，这时图像需要达到 300 ppi 的分辨率。但是如果使用过高的图像分辨率，则会增大文件大小，同时降低输出的速度。

2. 显示器分辨率

显示器分辨率是指显示器每单位长度所显示的像素或点的数目，以每英寸包含多少点来计算。显示器分辨率由显示器的大小、显示器像素的设定和显卡的性能决定。一般计算机显示器的分辨率为 72 dpi（dpi 为"点每英寸"的英文缩写）。

3. 打印分辨率

打印分辨率是指打印机每英寸产生的墨点数量，常用 dpi 表示。多数桌面激光打印机的分辨率为 600 dpi，而照排机的分辨率为 1 200 dpi 或更高。喷墨打印机实际上所产生的不是点而是细小的油墨喷雾，但大多数喷墨打印机的分辨率均为 300~720 dpi。打印机分辨率越高，打印输出的效果越好，但是耗墨量也越多。

1.2.3　文件格式

图像的格式决定了图像的特点和使用，不同格式的图像在实际应用中区别非常大，不同的用途决定了使用不同的图像格式，Illustrator 中涉及的图像格式有以下 5 种。

1. AI 格式

Illustrator 文件默认的存储格式为 AI 格式，该格式是 Illustrator 的标准文件格式，文件的矢量形式不会被更改。AI 文件也是一种分层文件，用户可以对图形内所存在的层进行操作。

2. EPS 格式

EPS 格式比较普遍，可以作为一种交换格式，因为涉及绘画中使用的大多数程序都支持这一格式，所以在遇到某软件生成的文件在另一个软件打不开的情况时，即可考虑使用 EPS 格式。EPS 文件大多用于印刷及在 Photoshop 和页面布局应用程序之间交换图像数据。

3. PDF 格式

PDF 是 Adobe Acrobat 所使用的格式，这种格式是为了能够在大多数主流操作系统中查看该文件。尽管 PDF 格式被看作保存包含图像和文本图层的格式，但是它也可以包含光栅信息。这种图像数据常常使用 JPEG 压缩格式，同时也支持 ZIP 压缩格式。以 PDF 保存的数据可以通过万维网传送。

4. FXG 格式

FXG 格式是适用于 Flash 平台的图形交换格式。FXG 是基于 MXML 子集的图形文件格式。

5. SVG 格式

SVG 格式的英文全称为 Scalable Vector Graphics，意思为可缩放的矢量图形，严格来说应该是一种开放标准的矢量图形语言，用户可以直接用代码来描绘图像，可以用任何文字处理工具打开 SVG 图像，通过改变部分代码来使图像具有交互功能，并可以随时插入到 HTML 中通过浏览器来观看。SVG 格式可以任意放大图形显示，但绝不会以牺牲图像质量为代价；文字在 SVG 中保留可编辑和可搜寻的状态；一般 SVG 文件比 JPEG 和 GIF 格式的文件小很多，因此更便于下载。

1.3 色彩基础知识

无论是屏幕颜色还是印刷颜色，都是模拟自然界的颜色，差别仅在于模拟的方式不同。模拟色的颜色范围远小于自然界的颜色范围。但是，同样作为模拟色，由于表现颜色的方式不同，印刷颜色的颜色范围又小于屏幕颜色的颜色范围，所以屏幕颜色与印刷颜色并不匹配。Illustrator 中使用 5 种颜色模式，即灰度、RGB（红、绿、蓝）、HSB（色相、饱和度、亮度）、CMYK（青、洋红、黄、黑）和 Web 安全 RGB。

图1-15　灰度

灰度是指使用黑色来代表一个对象，如图 1-15 所示，因此灰度对象的亮度值为 0%（白色）~100%（黑色）。

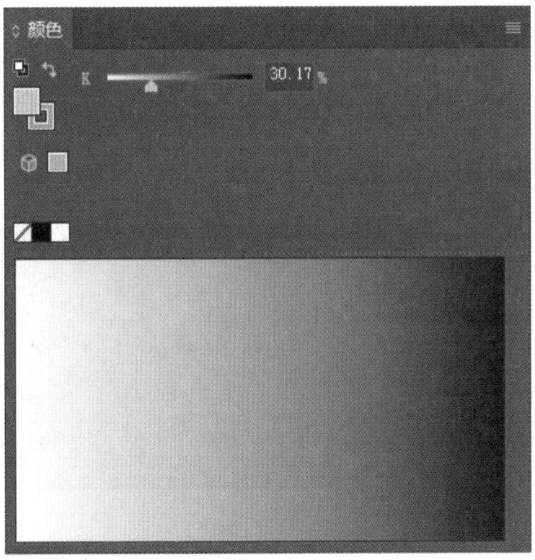

RGB 颜色模式使用的是加色原理，如图 1-16 所示，红（Red）、绿（Green）和蓝（Blue）使用 0~255 的整数来表示，最强的红、绿和蓝三色叠加得到白色。红、绿和蓝三色的数值如果都为 0，则三色叠加得到黑色。

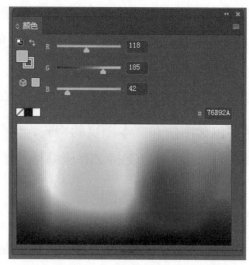

图1-16 RGB颜色模式

HSB 颜色模式使用色相（Hue）、饱和度（Saturation）和亮度（Brightness）3 个特征来描述颜色，如图 1-17 所示。色相就是通常所说的颜色名称，如红、黄、蓝，它是由物体反射或者发出的颜色，表示在标准色环中的位值，使用 0°~360° 来表示。饱和度是指颜色的纯度，表示色相比例中灰色的数量，使用从 0%（灰色）~100%（完全饱和）的百分数来表示。亮度是指颜色的相对明暗度，通常使用从 0%（黑）~100%（白）的百分数来表示。此种颜色模式更接近于传统绘画中混合颜色的方式。

CMYK 是印刷上使用的一种颜色模式，其中包含青（Cyan）、洋红（Magenta）、黄（Yellow）和黑（Black），如图 1-18 所示。CMYK 颜色模式基于印刷在纸张上的油墨吸收光的多少。从理论上来讲，CMY 油墨组合起来能吸收所有的光从而产生黑色，但是所有的油墨纯度都达不到理论要求，这 3 种油墨混合之后并不能吸收所有的光，产生的是一种棕色，因此必须有黑墨存在。如果作品最终要通过印刷成品，那么设置颜色时最好选用这种颜色模式，以使屏幕色和印刷品颜色尽量接近。

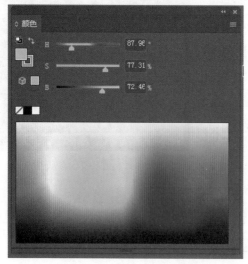

图1-17 HSB颜色模式

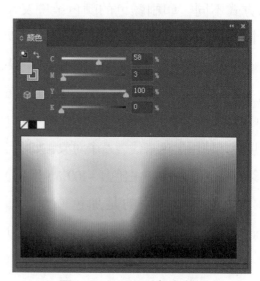

图1-18 CMYK颜色模式

1.4 印刷输出知识

1.4.1 印刷输出常用知识

设计完成的作品还需要将其印刷出来，以做进一步的封装处理。现在的设计师不但要精通设计，还要熟悉印刷流程及印刷知识。在设计完作品进入印刷流程前，还要注意以下6个问题。

（1）字体：印刷中字体是需要注意的地方，不同的字体有着不同的使用习惯。一般来说，宋体主要用于印刷正文部分；楷体一般用于印刷批注、提示或技巧部分；黑体由于字体粗壮，所以一般用于各级标题及需要题目的位置。如果要用到其他特殊的字体，注意在印刷前要将字体随同印刷物一齐交到印刷厂，以免出现字体的错误。

（2）字号：字号即字体的大小，一般国际上通用的是点制，也可称为磅制，在国内以号制为主。一般常见的字号有三号、四号、五号等。字号标称数越小，字形越大，如三号字比四号字大、四号字比五号字大。常用字号与磅数换算表如表1-1所示。

表1-1　常见字号与磅数换算法

字号	磅数/磅
小五号	9
五号	10.5
小四号	12
四号	16
小三号	18
三号	24
小二号	28
二号	32
小一号	36
一号	42

（3）纸张：纸张的大小一般都要按照国家制订的标准生产。在设计时还要注意纸张的开版，以免造成不必要的浪费。印刷常用纸张开数如表1-2所示。

表1-2　印刷常用纸张开数

正度纸张：787 mm × 1 092 mm		大度纸张：889 mm × 1 194 mm	
开数（正）	尺寸单位/mm	开数（正）	尺寸单位/mm
2开	540 × 780	2开	590 × 880
3开	360 × 780	3开	395 × 880
4开	390 × 543	4开	440 × 590
6开	360 × 390	6开	395 × 440
8开	270 × 390	8开	295 × 440
16开	195 × 270	16开	220 × 295
32开	195 × 135	32开	220 × 145
64开	135 × 95	64开	110 × 145

（4）颜色：在交付印刷厂之前，分色参数将对图片转换时的效果好坏起到决定性的作用。对分色参数的调整将在很大程度上影响图片的转换，所有的印刷输出图像文件都要使用 CMYK 颜色模式。

（5）格式：在进行印刷提交时，还要注意文件的保存格式。一般用于印刷的图像格式为 EPS 格式，当然 TIFF 格式也是较常见的，但要注意软件本身的版本，不同的版本有时会出现打不开的情况，这样也不能印刷。

（6）分辨率：通常在制作阶段就已经将分辨率设计好了，但输出时也要注意，根据不同的印刷要求，会有不同的印刷分辨率设计。一般报纸采用的分辨率为 125~170 dpi；杂志、宣传品采用的分辨率为 300 dpi；高品质书籍采用的分辨率为 350~400 dpi；宽幅面采用的分辨率为 75~150 dpi，如大街上随处可见的海报。

1.4.2　文档的打印设置

在 Illustrator 中，【打印】对话框是为了协助用户进行打印工作而设计的。对话框中的每个选项组都是按照文件进行打印的方式来设置的。在菜单栏中执行【文件】→【打印】命令，弹出如图 1-19 所示的【打印】对话框。

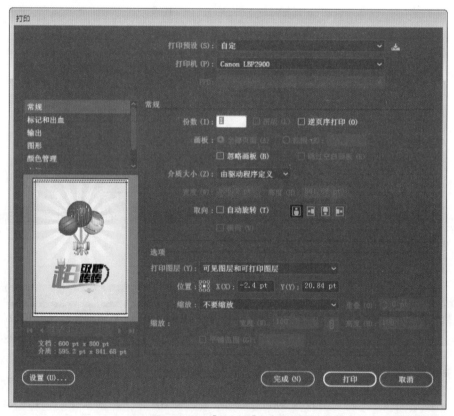

图1-19　【打印】对话框

它包含了常规、输出、图形等常用的选项，用户通过这些选项的设置来确定打印文件的类型和最终效果。

（1）常规：标记和出血可对文件的页面大小、方向、需要打印的份数等进行设置，并可以对图稿进行缩放，设置拼版选项及对需要打印的图层进行选择。

（2）标记和出血：可对多种印刷标记进行选择和设置，以及对文档的出血进行设置。

（3）输出：包括对输出文件的格式、药膜、图像和印刷色的转换进行设置，以及对打印机的分辨率和文档的油墨选项等进行设置。

（4）图形：对文件的路径、字体、PostScript文件、渐变和渐变网格打印选项进行设置。

（5）颜色管理：对打印文件的颜色处理，打印机的配置文件及渲染方法等进行选择和设置。

（6）高级：主要针对打印文件的叠印和透明度拼合器选项进行选择和设置。

1.4.3　出血线

出血线是出版印刷的时候经常遇见的专业术语，其作用是为了避免印刷出来的图像出现没填满颜色或者缺少颜色的状况。所以在 Illustrator 中绘制图形或进行版面设置时，需要留出几毫米的位置，也就是以后要被裁去的部分，这样使画面看起来不至于参差不齐。

通常情况下出血线宽度都是预留 3 mm，但是不是绝对的，也可以留出 5 mm，这由纸张的厚度和具体的要求决定。出血线的粗细一般为 0.1 mm，长度可以根据需要预设，一般 10 mm。总之，留出血线只有一个目的，那就是为了画面更加美观，更加便于印刷。图 1-20 中的红线框为出血线。

图1-20　出血线

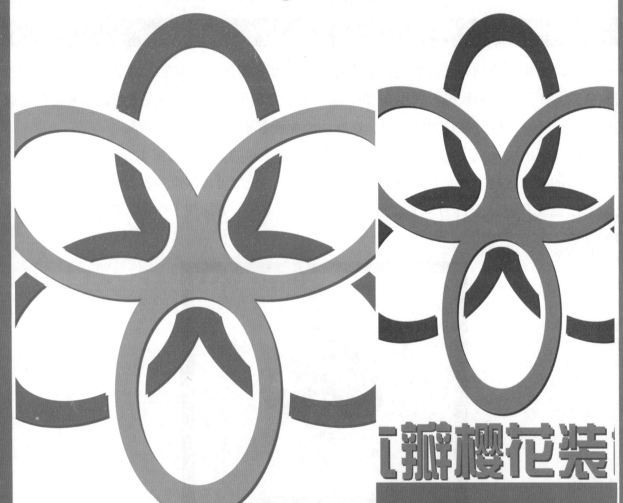

项目 2

Logo 设计

Logo 是徽标或商标（Logotype）的英文缩写，起到对拥有徽标公司的识别和推广的作用，通过形象的徽标可以让消费者记住公司主体和品牌文化。图 2-1 所示是装饰设计公司的 Logo。

图2-1　装饰设计公司的Logo

2.1　知识准备

2.1.1　选择工具

使用选择工具选取图形分为两种方法：点选和框选。下面来详细讲解这两种方法的使用技巧。

1. 点选

所谓点选，就是单击选择图形。在工具箱中单击【选择工具】按钮▷，将鼠标指针移动到目标对象上，当鼠标指针变成黑箭头形状时（如图 2-2 所示），单击即可将目标对象选中，如图 2-3 所示。在选择图形时，如果当前图形只是一个路径轮廓，而没有填充颜色，则需要将鼠标指针移动到路径上进行点选；如果当前图形有填充颜色，则只需要单击填充位置即可将图形选中。

点选一次只能选择一个图形对象。如果想选择更多的图形对象，可以在选择时按 <Shift> 键，以添加更多的选择对象。

图2-2　鼠标指针变成黑色箭头形状

图2-3　选中目标对象

2. 框选

框选就是使用鼠标拖动出一个虚拟的矩形框的方法进行选择。在工具箱中单击【选择工具】按钮▷在适当的空白位置按住鼠标左键，在不释放的情况下拖动出一个虚拟的矩形框，到达满意的位置后释放鼠标，即可将图形选中。在框选图形对象时，不管图形对象是部分与矩形框接触相交，还是全部在矩形框中，都将被选中。框选图形对象的效果如图 2-4 所示。

图2-4　框选图形对象的效果

2.1.2　旋转工具

利用旋转工具旋转图形分为 3 种方法：沿所选图形的中心点旋转图形；自行设置旋转中心点旋转图形；旋转并复制图形。下面来详细讲解操作方法。

1. 沿所选图形的中心点旋转图形

利用旋转工具可以沿所选图形对象的默认中心点进行旋转操作。首先选择要旋转的图形对象，然后在工具箱中单击【旋转工具】按钮 ，将鼠标指针移动到文档中的任意位置并按住鼠标左键并拖动，即可沿所选图形对象中心点旋转图形对象。沿图形对象中心点旋转的效果如图 2-5 所示。

图2-5　沿图形对象中心点旋转的效果

2. 自行设置旋转中心点旋转图形

首先选择要旋转的图形对象，如图 2-6 所示，然后在工具箱中单击【旋转工具】按钮 ，在文档中的适当位置单击，可以看到在单击处出现一个中心点标志，如图 2-7 所示；按住左键并鼠标拖动，图形对象将以鼠标单击点为中心旋转图形对象，如图 2-8 所示；释放鼠标，效果如图 2-9 所示。

图2-6　选择旋转图形对象

图2-7　中点标志位置

图2-8　旋转图形对象

图2-9　自行设置旋转中心点旋转图形的效果

3. 旋转并复制图形

首先选择要旋转的图形对象，然后在工具箱中单击【旋转工具】按钮 ⟳，在文档中的适当位置单击，可以看到在单击处出现一个中心点标志，此时的鼠标指针变化为箭头形状，按 <Alt> 键的同时拖动鼠标，可以看到此时的鼠标指针显示为双箭头形状，如图 2-10 所示。到达合适的位置后释放鼠标，即可旋转并复制出一个相同的图形对象，如图 2-11 所示。按住组合键 <Ctrl+D>，可以复制出更多的图形对象。旋转并复制图形对象的效果如图 2-12 所示。

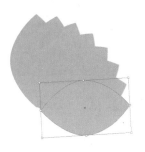

扫一扫
看操作

图2-10　鼠标指针显示　　　图2-11　旋转并复制相同　　　图2-12　旋转并复制图形
　　　　　为双箭头形状　　　　　　　　的图形对象　　　　　　　　　对象的效果

2.1.3　椭圆工具

利用椭圆工具绘制椭圆分为两种方法：一种是使用拖动绘制椭圆；另外一种是精确绘制椭圆。下面来详细讲解操作方法。

1. 使用拖动法绘制椭圆

在工具箱中单击【椭圆工具】按钮 ⬭，此时鼠标指针变成"十"字形，在绘图区的适当位置按住鼠标左键确定椭圆的起点，然后在不释放鼠标的情况下向需要的位置拖动，如图 2-13 所示，当到达满意的位置时释放鼠标即可绘制一个椭圆，如图 2-14 所示。

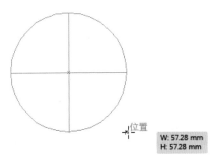

图2-13　使用拖动法绘制椭圆　　　　　图2-14　使用拖动法绘制椭圆的效果

2. 精确绘制椭圆

在绘制过程中，很多情况下需要绘制尺寸精确的图形。首先在工具箱中单击【椭圆工具】按钮 ⬭，然后将鼠标指针移动到绘图区合适的位置单击，即可弹出【椭圆】对话框，如图 2-15 所示，在【宽度】文本框中输入数值，指定椭圆的宽度值，即横轴长度；在【高度】文本框中输入数值，指定椭圆的高度值，即纵轴的长度。如果输入的宽度和高度值相同，则绘制出来的就是正圆形。最后单击【确定】按钮，即可创建一个精确的椭圆形，如图 2-16 所示。

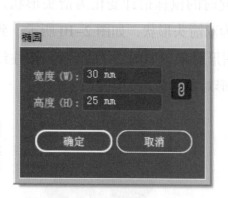

图2-15 【椭圆】对话框

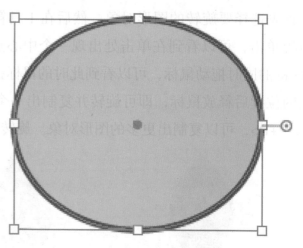

图2-16 精确绘制椭圆的效果

2.1.4 单色填充

在文档中选择要填色的图形对象，然后在工具箱中单击【填色】按钮，将其设置为当前状态，双击该图标，打开【拾色器】对话框，如图 2-17 所示，在该对话框中设置要填充的颜色，然后单击【确定】按钮即可将图形填充单色效果，如图 2-18 所示。

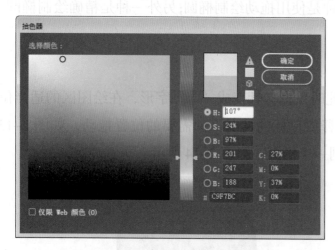

图2-17 【拾色器】对话框

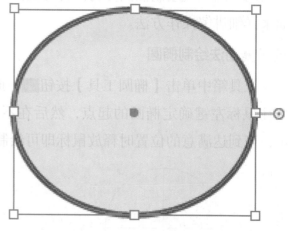

图2-18 单色填充的效果

2.1.5 描边工具

在文档中选择要进行描边的图形对象，然后在工具箱中单击【描边】按钮，将其设置为当前状态。双击该图标，打开【拾色器】对话框，如图 2-19 所示，在该对话框中设置要描边的颜色，然后单击【确定】按钮确定需要的描边颜色，即可将图形以新设置的颜色进行描边处理，效果如图 2-20 所示。

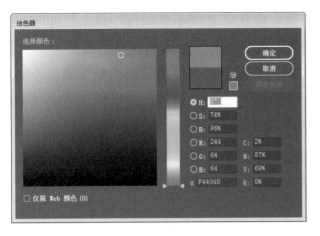

图2-19 【拾色器】对话框　　　　　图2-20 描边处理后的效果

2.1.6 拼合透明度

拼合透明度可按颜色、轮廓、透明度的不同分离任何整体对象。在文档中选择要拼合的对象，然后执行菜单栏中的【对象】→【拼合透明度】命令，打开【拼合透明度】对话框，在该对话框中进行参数的设置，如图2-21所示。

（1）预设：指定预设的名称。根据不同的对话框，可在【名称】文本框中输入名称或接受默认值。可以输入现有预设的名称来编辑该预设，默认预设不可编辑。

（2）栅格/矢量平衡：指定被保留的矢量对象的数量。更高的设置会保留更多的矢量对象，较低的设置会栅格化更多的矢量对象；中间的设置会以矢量形式保留简单区域而栅格化复杂区域。选择最低设置会栅格化所有图稿。注意栅格化的数量取决于页面的复杂程度和重叠对象的类型。

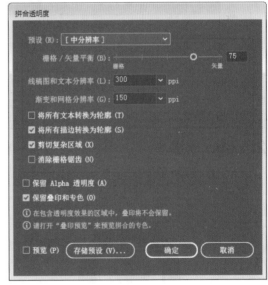

（3）线稿图和文本分辨率：栅格化对所有对象，包括图像、矢量作品、文本和渐变，指定分辨率。

图2-21 【拼合透明度】对话框

Illustrator 允许线稿化和渐变网格最大为 9 600 ppi。拼合时，该分辨率会影响重叠部分的精细程度。【线稿图和文本分辨率】一般应设置为 600~1 200 ppi，以提供较高品质的栅格化，特别是带有衬线的字体或小号字体。

（4）渐变和网格分辨率：为由于拼合而栅格化的渐变和 Illustrator 网格对象指定分辨率（72~2 400 ppi）。拼合时，该分辨率会影响重叠部分的精细程度。通常应将【渐变和网格分辨率】设置为 150~300 ppi，这是由于较高的分辨率并不会提高渐变、投影和羽化的品质，但会增加打印时间和文件大小。

（5）将所有文本转换为轮廓：将所有的文本对象（点类型、区域类型和路径类型）转换为轮廓，并放弃具有透明度的页面上所有类型字形信息。本选项可确保文本宽度在拼合过程中保持一致。注意启用此选项将造成在 Acrobat 中查看或在低分辨率桌面打印机上打印时，小字体略微变粗。在高分辨率打印机或照排机上打印时，此选项并不会影响文字的品质。

（6）将所有描边转换为轮廓：将具有透明度的页面上所有描边转换为简单的填色路径。本选项可确保描边宽度在拼合过程中保持一致。注意使用本选项会造成较细的描边略微变粗，并降低拼合性能。

（7）剪切复杂区域：确保矢量作品和栅格化作品间的边界按照对象路径延伸。当对象的一部分被栅格化而另一部分保留矢量格式时，本选项会解决拼缝问题。但是，选择本选项可能会导致路径过于复杂，使打印机难于处理。

2.1.7　Logo的相关知识及欣赏

1. Logo 的常用规格

Logo 的常用规格如表 2-1 所示。

表2-1　Logo的常用规格

Logo规格/mm	备注
88×31	互联网上最普遍的Logo规格
120×60	用于一般大小的Logo规格
120×90	用于大型的Logo规格
200×70	新出现的Logo规格

2. Logo 欣赏

（1）具象表现形式，如图 2-22 所示。

（a）　　　　　　　　　（b）　　　　　　　　　（c）

图2-22　具象表现形式

（a）圆形标志图形；（b）四方形标志图形；（c）多边形标志图形

（2）文字表现形式，如图2-23所示。

图2-23　文字表现形式

（a）拉丁字母表现；（b）字表现形式

（3）抽象表现形式，如图2-24所示。

图2-24　抽象表现形式

（a）人体造型的图形；（b）动物造型的图形；（c）植物造型的图形

2.2　项目实战

2.2.1　项目实操

【步骤1】执行菜单栏中的【文件】→【新建】命令，打开【新建文档】对话框，如图2-25所示。

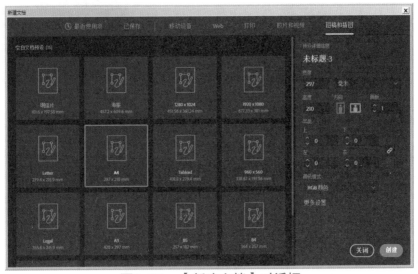

扫一扫
看操作

图2-25　【新建文档】对话框

【步骤2】在工具箱中单击【矩形工具】按钮▢，按住鼠标左键，在弹出的菜单中单击【椭圆工具】按钮◯，绘制椭圆。椭圆的描边色设置为无，填色为【C：58%，M：3%，Y：100%，K：0%】，如图 2-26 所示。

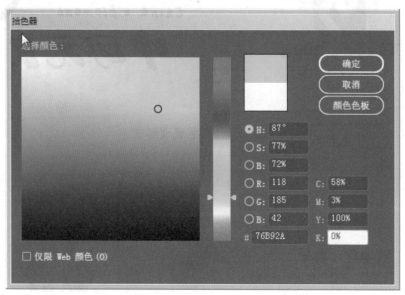

图2-26　设置椭圆描边色和填充色

【步骤3】单击【钢笔工具】按钮✎，按住鼠标左键，在弹出的菜单中单击【锚点转换工具】按钮⌐，用该工具分别单击椭圆的上下两个锚点，将平滑转换为尖角，如图 2-27 所示。

【步骤4】使用【选择工具】选中该路径，复制并粘贴在前面，将副本填色改为黑色，按组合键 <Alt+Shift>，同时单击拖动定界框手柄，将图形缩小，如图 2-28 所示。

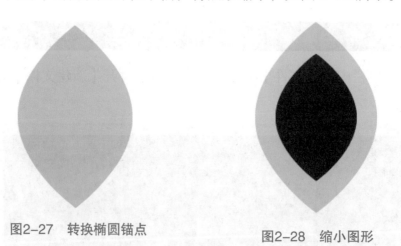

图2-27　转换椭圆锚点　　　　图2-28　缩小图形

【步骤5】框选两条路径，在菜单栏中执行【窗口】→【路径查找器】命令，将打开【路径查找器】面板，如图 2-29 所示，单击【减去顶层】按钮，生成复合路径，如图 2-30 所示。

图2-29 【路径查找器】面板

图2-30 生成复合路径

【步骤6】选中复合路径，单击【旋转工具】按钮🔄，按<Alt>键，同时单击复合路径最下方的锚点，在弹出的【旋转】对话框中设置角度80°，单击【复制】按钮，效果如图2-31所示。

【步骤7】按照上一步骤的方法，将旋转角度设置为-80°，将左右两个复合路径的填色改为【C：73%，M：29%，Y：100%，K：14%】，效果如图2-32所示。

图2-31 旋转、复制复合路径

图2-32 设置旋转角度并修改填色

【步骤8】选中所有复合路径，添加粗细为3 pt的白色描边，单击【控制栏】中的【描边】按钮，再单击【对齐描边】选项中的【使描边外侧对齐】按钮，效果如图2-33所示。

【步骤9】选中所有复合路径，在菜单栏中执行【对象】→【拼合透明度】命令，并单击【路径查找器】面板中的【合并】按钮，使用【魔术棒工具】选中白色描边并删除，效果如图2-34所示。

图2-33 添加3 pt白边

图2-34 选中白色描边并删除

【步骤10】绘制两个椭圆，如图2-35所示，将两者摆放为如图2-36所示的位置。在【路径查找器】面板中单击【减去顶层】按钮，生成复合路径，效果如图2-37所示。

图2-35　绘制两个椭圆　　　　　　　图2-36　椭圆摆放位置

【步骤11】将所有复合路径摆放为如图2-38所示的位置。

图2-37　减去顶层中生成复合路径　　　　图2-38　复合路径摆放位置

【步骤12】使用【文字工具】输入文字"大自然装饰"，字体为【方正粗谭黑简体】，将文本摆放在如图2-39所示的位置。

【步骤13】选中所有路径，执行【对象】→【拼合透明度】命令，默认参数设置。

【步骤14】复制所有路径并粘贴在后面，保持选择状态，将所有路径的填色改为【C：64%，M：55%，Y：56%，K：31%】，并按向下和向右方向键各两次制作投影效果，如图2-40所示。

图2-39　文本摆放位置　　　　　　图2-40　投影效果

2.2.2　项目小结

扫一扫
看操作

　　Logo的设计技巧有很多，第一，保持视觉平衡、讲究线条的流畅，使整体形状美观；第二，运用反差、对比或边框等强调主题；第三，选择恰当的字体；第四，注意留白，给人想象空间；第五，运用色彩，人们对色彩的反应比对形状的反应更为敏锐和直接，更能激发情感。

2.3 拓展设计——六瓣樱花装饰Logo

【步骤1】绘制椭圆，椭圆的描边色设置为无，填色为【C：3%，M：60%，Y：0%，K：0%】，效果如图 2-41 所示。

【步骤2】复制该路径，将副本填色改为黑色，按组合键 <Alt+Shift>，同时按住鼠标左键拖动定界框手柄，将图形缩小，如图 2-42 所示。

图2-41 绘制椭圆并设置描边色和填色　　　图2-42 修改副本填色并缩小

【步骤3】执行【路径查找器】命令生成复合路径，效果如图 2-43 所示。

【步骤4】旋转 60° 并复制，效果如图 2-44 所示。

图2-43 生成复合路径　　　图2-44 旋转60° 并复制复合路径

【步骤5】选中部分路径，将填色改为【C：12%，M：95%，Y：0%，K：0%】，在菜单栏中执行【对象】→【排列】→【置于底层】命令，效果如图 2-45 所示。

【步骤6】选中浅粉色路径，在【路径查找器】面板中单击【联合】按钮，并为该路径添加 4 pt 白色描边，效果如图 2-46 所示。

图2-45　修改部分路径颜色并置于顶层　　图2-46　添加4 pt白色描边

【步骤7】选中所有路径，在菜单栏中执行【对象】→【拼合透明度】命令，并在【路径查找器】面板中单击【合并】按钮，使用【魔棒工具】选中白色路径并删除，效果如图2-47所示。

【步骤8】制作投影，并添加文本，效果如图2-48所示。

图2-47　选中白色路径并删除

图2-48　整体效果

李某某
销售经理

地址:某市某路188号
电话:13612345678
网址:WWW.DZRZS.COM
EMAIL:DZRZS@163.COM

项目**3**

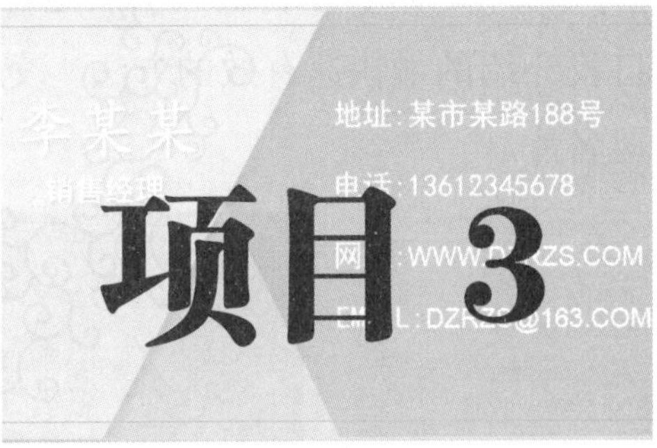

名片设计

李某某

销售经理

地址:某市某路1

电话:136123456

网址:WWW.DZR

EMAIL:DZRZS@

■知识准备

■项目实战

■拓展设计——名片反面

名片是标示姓名及其所属组织、公司、单位的联系方法的纸片。名片是新朋友互相认识、自我介绍的最快速有效的方法。交换名片是商业交往的第一个标准官式动作。图 3-1 是装饰公司名片。

图3-1   装饰公司名片

3.1   知识准备

3.1.1   矩形工具

矩形工具主要用来绘制长方形和正方形，是最基本的绘图工具之一，可以使用以下两种方法来绘制矩形。

1. 使用拖动法绘制矩形

在工具箱中单击【矩形工具】按钮▣，此时鼠标指针变成"十"字形，然后在绘图区的适当位置按住鼠标左键确定矩形的起点，在不释放鼠标的情况下向需要的位置拖动，如图 3-2 所示。当达到满意的位置时释放鼠标即可绘制一个矩形，如图 3-3 所示。使用【矩形工具】绘制矩形，在拖动鼠标时，第一次单击的起点位置并不会发生变化，当向不同方向拖动不同的距离时，可以得到不同形状、不同大小的矩形。

图3-2   使用拖动法绘制图形

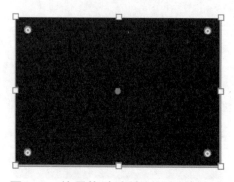

图3-3   使用拖动法绘制矩形的效果

2. 精确绘制矩形

在绘图过程中,很多情况下需要绘制尺寸精确的图形。如果需要绘制尺寸精确的矩形或正方形,则用拖动鼠标的方法显然是不行的,这时就需要使用【矩形】对话框。首先在工具箱中单击【矩形工具】按钮▣,然后将鼠标指针移动到绘图区合适的位置单击,即可弹出如图3-4所示的【矩形】对话框,在【宽度】文本框中输入合适的宽度值,在【高度】文本框中输入合适的高度值,最后单击【确定】按钮即可得到一个精确的矩形,如图3-5所示。

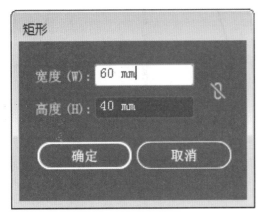

扫一扫
看操作

图3-4 【矩形】对话框

图3-5 精确绘制矩形的效果

按 <Shift> 键可以绘制正方形;按 <Alt> 键可以以单击点为中心绘制矩形;按组合键 <Shift+Alt> 可以以单击点为中心绘制正方形。

3.1.2 多边形工具

利用多边形工具可以绘制各种多边形效果,如三角形、六边形、十边形等。多边形的绘制与其他图形稍有不同,在拖动时其单击点为多边形的中心点。

1. 使用拖动法绘制多边形

在工具箱中单击【多边形工具】按钮◉,然后在绘图区适当位置按住鼠标左键向外拖动,如图3-6所示,此时鼠标的释放位置为多边形的一个角点,拖动的同时可以转动多边形角点的位置,如图3-7所示,释放鼠标得到一个六边形,如图3-8所示。

图3-6 使用拖动法绘制
多边形

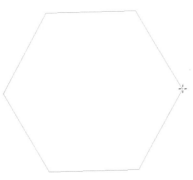

图3-7 转动多边形角点
的位置

图3-8 使用拖动法绘制多
边形的效果

2. 精确绘制多边形

在工具箱中单击【多边形工具】按钮，并单击屏幕上的任何位置，将会弹出如图3-9所示的【多边形】对话框，在【半径】文本框中输入数值，指定多边形的半径大小；在【边数】文本框中输入数值，指定多边形的边数，单击【确定】按钮后得到对应的多边形，如图3-10所示。

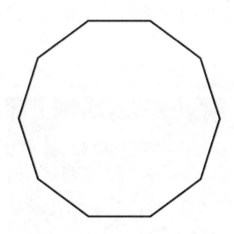

图3-9　【多边形】对话框　　　　　　图3-10　精确绘制多边形的效果

3.1.3　直线工具

直线工具主要用来绘制不同的直线，可以使用直线绘制的方法来绘制线段，也可以利用【直线段工具选项】对话框来精确绘制直线段。

1. 使用拖动法绘制直线

在工具箱中单击【直线工具】按钮，然后在绘图区的适当位置按住鼠标左键确定直线的起点，在不释放鼠标的情况下向所需的位置拖动，如图3-11所示，当达到满意的位置时释放鼠标即可绘制一条直线段，如图3-12所示。

图3-11　使用拖动法绘制直线　　　　　　图3-12　使用拖动法绘制直线的效果

2. 精确绘制直线

在工具箱中单击【直线工具】按钮，在绘图区内单击确定起点，将弹出如图3-13所示的【直线段工具选项】对话框，在【长度】文本框中输入直线的长度值，在【角度】文本框中输入所绘直线的角度；如果勾选【线段填色】复选按钮，则绘制的直线将具有内部填充的属性。完成后单击【确定】按钮即可绘制出直线段，如图3-14所示。

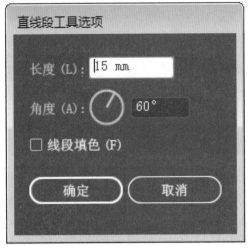

图3-13　【直线段工具选项】对话框

图3-14　精确绘制直线的效果

3.1.4　路径

在 Illustrator 中，使用绘图工具绘制的所有对象，无论是单一的直线、曲线对象还是矩形、多边形等几何形状，都可以称为路径。绘制一条路径之后，可以改变它的大小、形状、位置和颜色并对其进行编辑。路径是由一条或多条线段或曲线组成的，Illustrator 中的路径分为以下 3 类。

1. 开放路径

开放路径是指像直线或曲线那样的图形对象，它们的起点和终点没有连接在一起，如图 3-15 所示。

图3-15　开放路径

2. 封闭路径

封闭路径是指起点和终点相互连接的图形对象，如矩形、椭圆、圆、多边形等，如图 3-16 所示。

图3-16　封闭路径

3. 复合路径

复合路径是一种较为复杂的路径对象，它由两个或多个开放或封闭的路径组成，可以在菜单栏中执行【对象】→【复合路径】→【建立】命令来制作复合路径，也可以执行【对象】→【复合路径】→【释放】命令将复合路径释放。

3.1.5 运用钢笔工具绘制不规则闭合图形

在工具箱中单击【钢笔工具】按钮 ✐，把鼠标指针移动到绘图区，单击需要绘图的起始点，然后移动鼠标指针到适当的位置单击确定第二个点，两点之间出现一条线段，继续单击，则在确定点与上一次单击点之间出现一条直线，如图 3-17 所示。当绘制到最后一个点时，将鼠标指针移动到起始点上，此时在鼠标指针的旁边出现一个小圆环，如图 3-18 所示。单击封闭该路径，即可得到一个封闭的不规则图形，如图 3-19 所示。

扫一扫
看操作

图3-17 使用钢笔工具绘制不规则图形

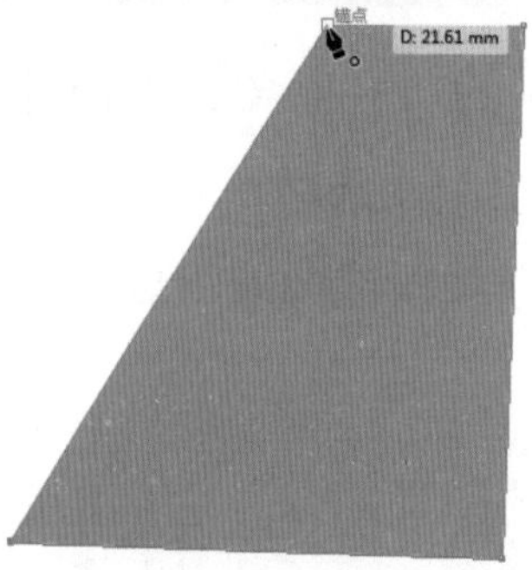

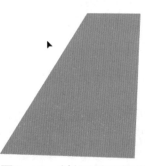

图3-18 小圆环位置

图3-19 封闭不规则图形

3.1.6 投影效果

【效果】菜单为用户提供了许多特殊的功能，如图 3-20 所示，使 Illustrator 处理图形更加丰富在【效果】菜单中大体可以分为三部分，其中第二部分主要是对矢量图形的 Illustrator 效果。

图3-20 【效果】菜单

【风格化】效果主要对图形对象添加特殊的图形效果，如内发光、圆角、外发光、投影和添加箭头效果等。这些特效的应用可以为图形增添更加生动的艺术效果。

【投影】命令可以为选择的图形对象添加一个阴影，以增加图形的立体效果。要为图形对象添加投影效果，首先要选中该图形对象，如图 3-21 所示，然后执行菜单栏中的【效果】→【风格化】→【投影】命令，打开如图 3-22 所示的【投影】对话框，对图形的投影参数进行设置，完成后的效果如图 3-23 所示。

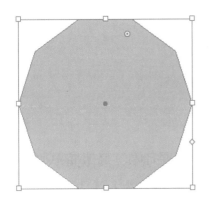

图3-21 选中图形对象　　　图3-22 【投影】对话框　　　图3-23 添加投影后的效果

【投影】对话框中各参数的含义说明如下。

（1）模式：可在右侧的下拉列表中设置投影的混合模式。

（2）不透明度：控制投影颜色的不透明度。可以在右侧的下拉列表中选择一个不透明度，也可以直接在文本框中输入一个需要的值。取值范围为 0%~100%，值越大，投影的颜色越不透明。

（3）X 位移：控制阴影相对于原图形在 X 轴上的位移量。输入正值阴影向右偏移；输入负值阴影向左偏移。

（4）Y 位移：控制阴影相对于原图形在 Y 轴上的位移量。输入正值阴影向下偏移；输入负值阴影向上偏移。

（5）模糊：设置阴影颜色的边缘柔和程度。值越大，边缘柔和的程度也就越大。

（6）颜色和暗度：控制阴影的颜色。点选【颜色】单选按钮，可以单击右侧的颜色块，打开【拾色器】对话框来设置阴影的颜色；点选【暗度】单选按钮，可以在右侧的文本框中设置阴影的明暗程度。

3.1.7 【符号】面板

符号具有很大的方便性和灵活性，它不但可以快速创建很多相同的图形对象，还可以利用相关的符号工具对这些对象进行相应的编辑。

【符号】面板是用来放置符号的地方。执行菜单栏中的【窗口】→【符号】命令，打开如图 3-24 所示的【符号】面板。

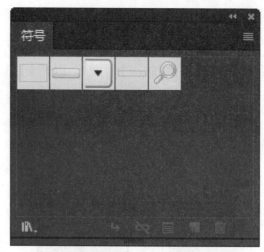

图3-24　【符号】面板

1. 打开符号库

　　Illustrator 为用户提供了默认的符号库，可以通过 3 种方法来打开符号库，具体操作如下。

　　（1）单击【符号】面板右上角的菜单按钮，打开【符号】面板菜单，执行【打开符号库】命令，然后在其子菜单中选择需要打开的符号库即可，如图 3-25 所示。

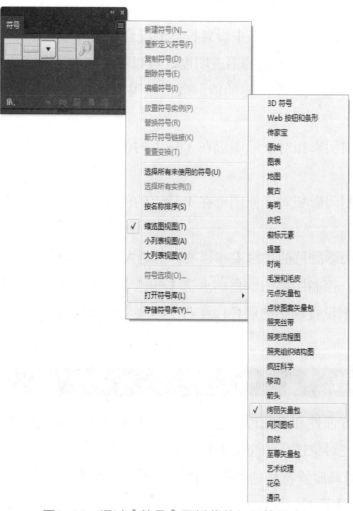

图3-25　通过【符号】面板菜单打开符号库

（2）执行菜单栏中的【窗口】→【符号库】命令，然后在其子菜单中选择所需要打开的符号库即可，如图 3-26 所示。

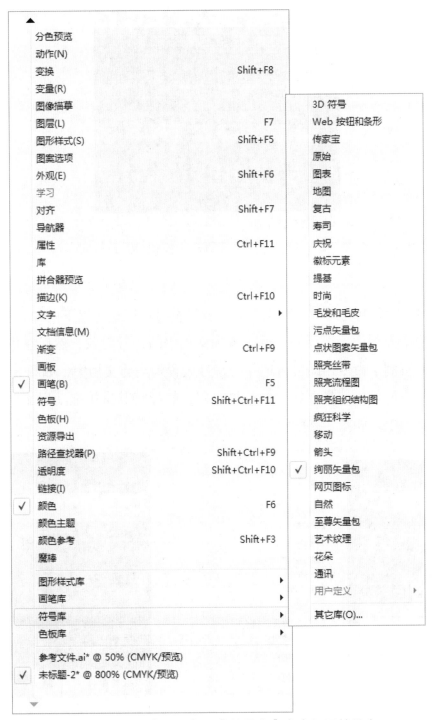

图3-26 执行【窗口】→【符号库】命令打开符号库

（3）单击【符号】面板左下方的【符号库菜单】按钮，在弹出的菜单中选择需要打开的符号库即可，如图 3-27 所示。

图3-27　单击【符号库菜单】按钮打开符号库

2. 放置符号

所谓放置符号，就是将符号导入到文档中，放置符号可以通过以下两种方法来操作。

（1）在【符号】面板中，选择一个要放置到文档中的符号对象，然后在【符号】面板菜单中执行【放置符号实例】命令，即可将选择的符号放置到当前文档中，如图 3-28 所示。

（2）在【符号】面板中选择要放置的符号对象，然后将其直接拖动到文档中，释放鼠标即可将符号导入到文档中，如图 3-29 所示。

扫一扫
看视频

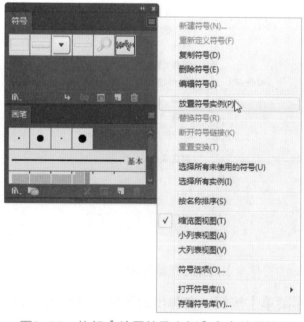

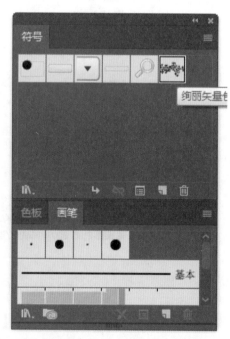

图3-28　执行【放置符号实例】命令放置符号　　　图3-29　选择【符号】面板中的符号直接导入

3. 编辑符号

在【符号】面板中选择要编辑的符号，执行【符号】面板菜单中的【编辑符号】命令，将打开符号编辑窗口，并在文档的中心位置显示当前符号，可以像编辑其他图形对象一样对符号进行编辑，如缩放、旋转、填色和变形等。如果该符号已经在文档中被使用，则在对符号编辑后将影响当前使用的符号效果。

4. 断开符号链接

选择要断开的符号，然后执行【符号】面板菜单中的【断开符号链接】命令，或单击【符号】面板底部的【断开符号链接】按钮，即可将其与原符号断开链接。

3.1.8 名片的相关知识及欣赏

1. 名片标准尺寸

名片标准尺寸如表 3-1 所示。

表3-1 名片标准尺寸

名片的标准尺寸/mm	加上出血的尺寸/mm	备注
90×54	94×58	
90×50	94×54	出血上下、左右各2 mm
90×45	94×49	

名片版式如表 3-2 所示。

表3-2 名片版式

版式	方角/mm	圆角/mm
横版	90×55	85×54
竖版	50×90	54×85
方版	90×90	95×95

如果成品尺寸超出一张名片的大小，则需要注明正确尺寸，上下、左右各 2 mm 的出血。

2. 颜色模式

颜色模式应为 CMYK，栅格效果 350 dpi 以上。

3. 内容部分

（1）文案的编排应距离裁切线 3 mm 以上，以免裁切时有文字被切到。

（2）稿件确认后，应将文字转换成曲线（创建轮廓），以免输出制版时因找不到字型而出现乱码。

（3）文字输入时不要设定使用系统字，若使用系统字则会造成笔画交错处有白色节点，同时请不要将文字设定为套印填色。

4. 颜色部分

（1）使用 CMYK 色标的百分比来决定制作填色。

（2）同一图档在不同次印刷时，色彩都会有些差距，色差度在 10% 以内为正常。

（3）底纹或底图颜色的设定不要低于 5%，以免印刷成品时无法呈现。

（4）影像、照片以 CMYK 颜色模式制作，TIFF 档案格式储存。

5. 名片欣赏

商务名片的正面和反面如图 3–30 所示。

（a）　　　　　　　　　　　　　　　　　　　　　（b）

图3–30　商务名片的正面和反面

（a）商务名片正面；（b）商务名片反面

3.2　项目实战

3.2.1　项目实操

【步骤 1】执行菜单栏中的【文件】→【新建】命令，在打开的【新建文档】对话框中设置参数：宽度为 90 mm，高度为 50 mm，上下左右出血均为 2 mm，颜色模式为 CMYK，如图 3–31 所示。

扫一扫
看操作

图3–31　【新建文档】对话框

【步骤 2】在工具箱中单击【矩形工具】按钮 ▣，在画板空白处单击，弹出【矩形】对话框，【宽度】设置为 94 mm，【高度】设置为 54 mm，如图 3-32 所示。矩形的描边色设置为无，填色为【C：58%，M：3%，Y：100%，K：0%】，如图 3-33 所示，绘制好的矩形如图 3-34 所示。

图3-32 【矩形】对话框

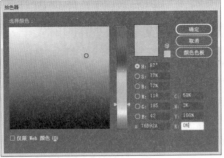

图3-33 设置填色

图3-34 绘制好的矩形

【步骤 3】在工具箱中单击【多边形工具】按钮 ⬡，在画板空白处单击，弹出【多边形】对话框，【半径】设置为 31mm，【边数】设置为 6，如图 3-35 所示。设置六边形的填色为无，描边色为白色，描边粗细为 0.5 pt，如图 3-36 所示。

图3-35 【多边形】对话框

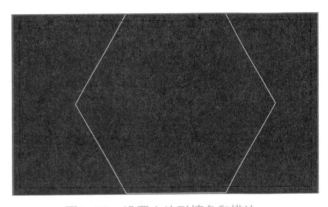

图3-36 设置六边形填色和描边

【步骤 4】使用【直线工具】绘制两条直线，如图 3-37 所示。选中所有对象，然后执行菜单栏中的【对象】→【锁定】→【所选对象】命令，锁定所选对象。

【步骤 5】使用【钢笔工具】绘制路径，设置路径的描边色为无，填色为【C：73%，M：29%，Y：100%，K：14%】，效果如图 3-38 所示。

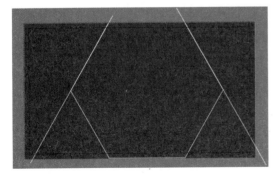

图3-37 绘制两条直线

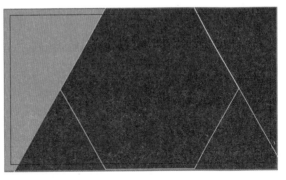

图3-38 绘制路径

【步骤6】选择该对象，执行菜单栏的【效果】→【风格化】→【投影】命令，在打开的【投影】对话框中设置参数：【X 位移】为 0.5 mm，【Y 位移】为 1 mm，【模糊】为 0.5 mm，如图3-39 所示，效果如图 3-40 所示。

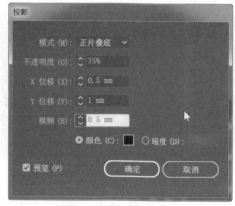

图3-39 【投影】对话框

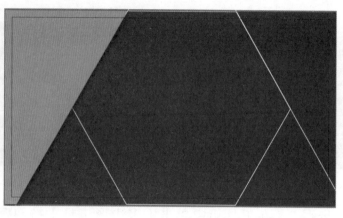

图3-40 路径投影设置

【步骤7】执行菜单栏中的【窗口】→【符号】命令，打开【符号】面板，单击【符号】面板右上角的菜单按钮，打开【符号】面板菜单，执行【打开符号库】→【绚丽矢量包】命令，将打开【绚丽矢量包】面板如图 3-41 所示。将【绚丽矢量包01】符号拖动到画板中并右击，在弹出的快捷菜单中执行【断开符号链接】命令，将填色设置为【C：58%，M：3%，Y：100%，K：0%】，调整符号大小和角度摆放位置效果，如图 3-42 所示。

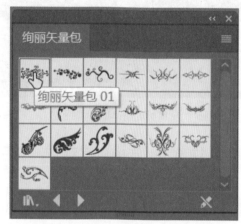

图3-41 【绚丽矢量包】面板

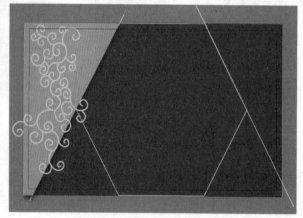

图3-42 使用符号的效果

【步骤8】选择绿色路径，执行菜单栏中的【编辑】→【复制】命令，再执行【编辑】→【贴在前面】命令，然后执行【对象】→【排列】→【置于顶层】命令，效果如图 3-43 所示。

【步骤9】按 <Shift> 键，同时选择顶层的绿色路径和【绚丽矢量包01】符号，执行菜单栏中的【对象】→【剪切蒙版】→【建立】命令，效果如图 3-44 所示。

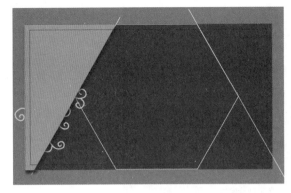

图3-43 将绿色路径置于顶层

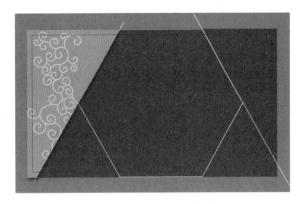

图3-44 建立剪切蒙版

【步骤10】选择剪切组，再执行菜单栏中的【窗口】→【透明度】命令，将【混合模式】改为【正片叠底】，如图 3-45 所示，效果如图 3-46 所示。

图3-45 将【混合模式】改为【正片叠底】

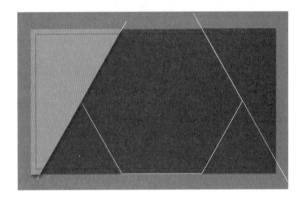

图3-46 修改混合模式的效果

【步骤11】按照【步骤5】~【步骤9】的方法绘制名片上的其他部分，浅绿色数值为【C: 58%，M: 3%，Y: 100%，K: 0%】，效果如图 3-47 所示。执行菜单栏中的【对象】→【全部解锁】命令，删除直线和六边形，效果如图 3-48 所示。

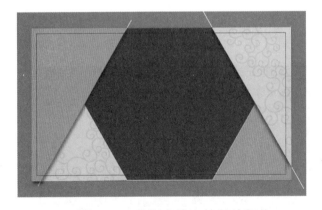

图3-47 绘制名片上的其他部分

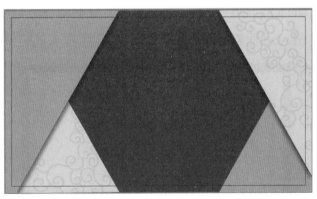

图3-48 删除直线和矩形

【步骤12】在名片上添加公司 Logo 和文字，"大自然装饰公司"字体为【方正综艺简体】，销售经理：李某某"字体为【黑体】，"WWW.DAZIRANZHUANGSHI.COM"字体为【Arial】，所有文字字体颜色均为白色，效果如图 3-49 所示。

图3-49　整体效果

3.2.2　项目小结

同一款名片的基本色调应当一致，色彩明度应当统一，这样会让人感觉很舒服。当然不排除故意调整颜色对比以吸引眼球的设计。正规的商务名片，以简洁大方为主，色彩应用应当依照企业标准色和辅助色来设计。一般的企业标准色不会超过 3 种，加上辅助配色，会给人以整体感，让人一眼就能辨别出它的主体色和强调色。

3.3　拓展设计——名片反面

【步骤 1】执行菜单栏中的【文件】→【新建】命令，在打开的【新建文档】对话框中设置参数：宽度为 90 mm，高度为 50 mm，上下左右出血均为 2 mm，颜色模式为 "CMYK 颜色"，效果如图 3-50 所示。

【步骤 2】绘制矩形，【宽度】设置为 94 mm，【高度】设置为 54 mm。矩形的描边色设置为无填色为【C：71%，M：65%，Y：64%，K：72%】，效果如图 3-51 所示。选中矩形，按组合键 <Ctrl+2> 锁定所选对象。

扫一扫
看视频

图3-50　在【新建文档】对话框中设置参数后的效果

图3-51　绘制矩形并设置描边色填色

【步骤 3】用【钢笔工具】绘制路径，描边色为无，填色为【C：58%，M：3%，Y：100%，K：0%】。选择该路径添加投影，设置参数：【X 位移】为 0.5 mm，【Y 位移】为 1 mm，【模糊】为 0.5 mm，效果如图 3-52 所示。

【步骤4】将【绚丽矢量包01】符号拖动到画板中并右击，在弹出的快捷菜单中执行【断开符号链接】命令，将填色设置为【C：58%，M：3%，Y：100%，K：0%】，摆放位置如图3-53所示。

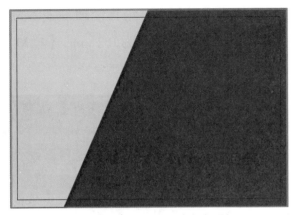

图3-52　添加路径投影

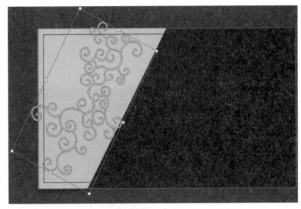

图3-53　【绚丽矢量包01】符号摆放位置

【步骤5】选择绿色路径，复制并置于顶层，效果如图3-54所示。

【步骤6】按<Shift>键，同时选择顶层的绿色路径和【绚丽矢量包01】符号建立剪切蒙版，将剪切组的【混合模式】改为【正片叠底】，效果如图3-55所示。

图3-54　选择绿色路径，复制并置于顶层

图3-55　建立剪切蒙版，修改混合模式

【步骤7】用【钢笔工具】绘制路径，描边色为无，填色为【C：73%，M：29%，Y：100%，K：14%】，效果如图3-56所示。

【步骤8】给三角形路径添加【绚丽矢量包01】符号，效果如图3-57所示。

图3-56　绘制路径并设置描边色、填色

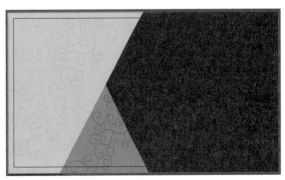

图3-57　三角形路径添加符号效果

【步骤 9】选择深绿色三角形路径及其剪切组，执行菜单栏中的【对象】→【排列】→【后移一层】命令两次，效果如图 3-58 所示。

【步骤 10】添加地址、电话、网址、E-mail 的文字内容，中文字体为【黑体】，英文字体为【Arial】，字体颜色为白色。添加文字"李某某"，字体为【楷体】；"销售经理"字体为【黑体】，并为两者添加投影，设置参数：【X 位移】为 0.2 mm，【Y 位移】为 0.2 mm，【模糊】为 0.2 mm，效果如图 3-59 所示。

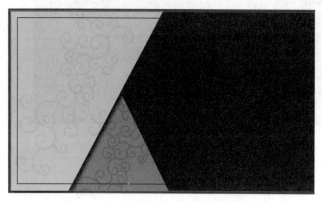

图3-58　后移深绿色三角形路径及其剪切组

图3-59　整体效果

项目4

艺术字设计

■ 知识准备

■ 项目实战

■ 拓展设计——商业海报文字设计

艺术字是指经过设计师艺术加工的汉字变形的文字形式。艺术字符合文字含义，具有美观有趣、易认易识、醒目张扬等特性，是一种有图案意味或装饰意味的变形字体。艺术字广泛应用于宣传、广告、商标、标语、黑板报、企业名称、会场布置、展览会，以及商品包装和装潢、各类广告、报纸杂志和书籍的装帧上等。图 4-1 所示是艺术字在海报中的应用。

图4-1　艺术字在海报中的应用

4.1　知识准备

4.1.1　文字创建

文字工具是 Illustrator 的一大特色，提供了多种类型的文字工具，利用这些文字工具可以自由地创建和编辑文字。

1. 创建点文字

在工具箱中单击【文字工具】按钮**T**，这时鼠标指针将变成横排文字光标，在文档中单击可以看到一个快速闪动的光标输入效果，直接输入文字即可，如图 4-2 所示。这种文字工具一般适用于少量文字的输入。

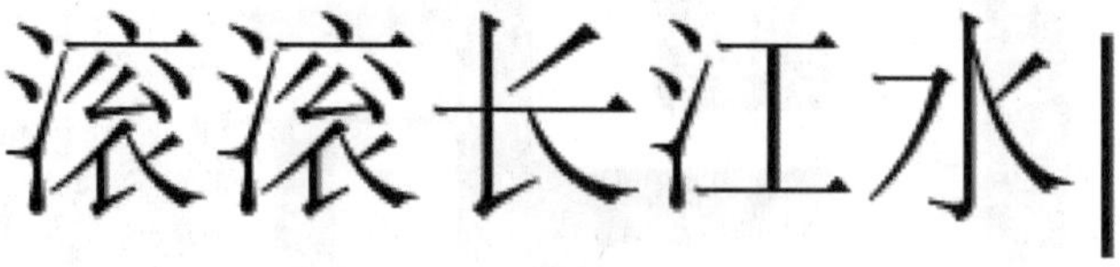

滚滚长江水|

图4-2　创建点文字

2. 创建段落文字

在工具箱中单击【文字工具】按钮**T**，这时鼠标指针将变成横排文字光标，在文档中合适的位置按住鼠标左键，在不释放鼠标的情况下拖动出一个矩形文字框，如图 4-3 所示，然后输入文字即可创建段落文字，如图 4-4 所示。在文字框中输入文字时，文字会根据拖动的矩形文字框的大小进行自动换行，如果改变了文字框的大小，文字会随着文字框一起改变。

春眠不觉晓
处处闻啼鸟
夜来风雨声
花落知多少

图4-3 拖动出的矩形文字框   图4-4 创建段落文字

4.1.2 【字符】面板

执行菜单栏中的【窗口】→【文字】→【字符】命令，打开如图4-5所示的【字符】面板。如果打开的【字符】面板与图中显示不同，则可以在【字符】面板菜单中执行【显示选项】命令，将其他选项都显示出来。

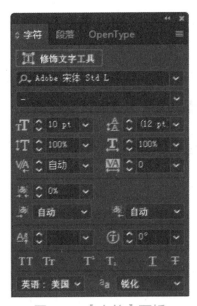

图4-5 【字符】面板

【字符】面板中各个参数的含义如下。

（1）修饰文字工具▥：使用该工具可以选择单个的文字，对其进行单独的参数设置。

（2）字体系列▭：通过下拉列表中的选项为文字设置不同的字体。

（3）字体大小▥：用来设置文字的大小，取值范围为0.1~1 296点，也可以从下拉列表中选择常用的尺寸。

（4）垂直缩放文字▥：可以从下拉列表中选择一个缩放的百分数值，也可以直接在文本框中输入新的缩放数值，来调整文字的垂直缩放。

（5）水平缩放文字▥：可以从下拉列表中选择一个缩放的百分数值，也可以直接在文本框中输入新的缩放数值，来调整文字的水平缩放。

（6）行距▥：相邻两行基线之间的垂直纵向间距。选择一段要设置行距的文字，然后从该下拉列表中选择一个行距值，也可以在文本框中输入新的行距数值，以修改行距。

（7）字符间距：用来设置选定的字符之间的距离。选择文字后，在其下拉列表中选择数值，或者直接在文本框中输入数值，即可修改选定文字的字符间距。如果输入的值大于 0，则字符间距增大；如果输入的值小于 0，则字符间距减小。

（8）字符间距微调：用来设置两个字符之间的距离，与字符间距相似，但是不能直接调整选择的所有文字，而只能将光标定位在两个字符之间，调整该两个字符之间的距离。

（9）基线偏移：用来调整文字的基线偏移量。默认的文字基线位于文字的底部，通过调整文字的基线偏移，可以将文字向上或向下调整。

（10）旋转文字：用来将选中的文字按照各自文字的中心点进行旋转。首先选择要旋转的字符，然后从下拉列表中选择一个角度。如果这些均不能满足旋转需要，则可以在文本框中输入一个需要的旋转角度数值，但是该数值必须为 –360°~360°。如果输入的数值为正值，则文字将按逆时针旋转；如果输入的数值为负值，则文字将按顺时针旋转。

（11）全部大写字母和小型大写字母：用来为选择的字符更改全部大写字母和小型大写字母。

（12）上标和下标：用来为选择的字符更改上、下位置。

（13）添加下画线和删除线：用来为选择的字符添加下画线和删除线。

4.1.3　绘制星形

利用星形工具可以绘制各种星形效果，使用方法和多边形工具相同，可以直接拖动鼠标绘制一个星形。还可以使用【星形】对话框精确绘制星形。在工具箱中单击【星形工具】按钮，然后在绘图区适当位置单击，则会弹出如图 4-6 所示的对话框。在【半径 1】文本框中输入数值，指定星形中心点到最外部点的距离；在【半径 2】文本框中输入数值，指定星形中心点到内部点的距离；在【角点数】文本框中输入数值，指定星形的角点数目，完成后的效果如图 4-7所示。

扫一扫
看视频

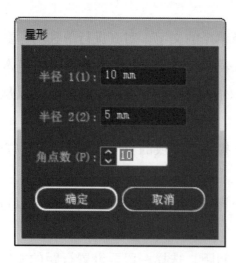

图4-6　【星形】对话框　　　　　　　　　　图4-7　精确绘制星形

4.1.4 锚点

锚点也称为节点，是控制路径外观的重要组成部分，通过移动锚点，可以修改路径的形状。使用【直接选择工具】选择路径时，将显示该路径的所有锚点。在 Illustrator 中，根据锚点的属性不同，可以将锚点分为两种，即角点和平滑点，分别如图 4-8 和图 4-9 所示。

扫一扫
看视频

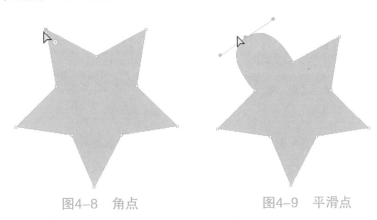

图4-8　角点　　　　　　　　　　图4-9　平滑点

4.1.5 直接选择工具

直接选择工具与选择工具在用法上基本相同，但是直接选择工具主要用来选择和调整图形对象的锚点、曲线控制柄和路径线段。利用【直接选择工具】单击可以选择图形对象上的一个锚点或多个锚点，也可以直接选择壹个图形对象上的锚点。

1. 选择图形对象上的一个或多个锚点

在工具箱中单击【直接选择工具】按钮，将鼠标指针移动到图形对象的锚点位置，此时锚点位置会自动出现一个白色的矩形框，并且在鼠标指针的右下角出现一个空心的正方形图标，如图 4-10 所示，此时单击即可选择该锚点。被选中的锚点将显示为实色填充的矩形效果，而没被选中的锚点将显示为空心的矩形效果。如果想选择更多的锚点，则可以按 <Shift> 键继续单击，效果如图 4-11 所示。

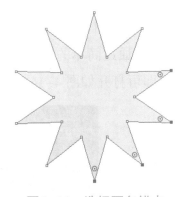

图4-10　空心正方形图标　　　　　　图4-11　选择更多锚点

2. 选择整个图形对象上的锚点

在工具箱中单击【直接选择工具】按钮，将鼠标指针移动到图形对象的填充位置，可以看到在鼠标指针的右下角出现一个实心的小矩形，如图 4-12 所示，此时单击即可将整个图形对象上的锚点选中，如图 4-13 所示。

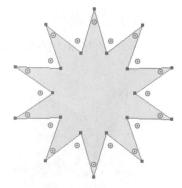

图4-12　突出小矩形　　　　　　图4-13　选中整个图形对象上的锚点

　　这里要特别注意的是，如果鼠标指针位置不在图形对象的填充位置，而是位于图形对象的描边路径部分，则鼠标指针右下角也会出现一个实心小矩形，如图 4-14 所示。但是此时单击选择的不是整个图形对象的锚点，而是将整个图形对象激活，显示出没有被选中状态下的锚点和控制柄效果，如图 4-15 所示。

图4-14　突出小矩形位置　　　　图4-15　没有被选中状态下的锚点和控制柄效果

4.1.6　【路径查找器】面板

　　【路径查找器】面板可以对图形对象进行各种修剪操作，通过组合、分割、相交等方式对图形进行修剪造型，可以通过简单的图形修改出复杂的图形效果。执行菜单栏中的【窗口】→【路径查找器】命令，即可打开如图 4-16 所示的【路径查找器】面板。

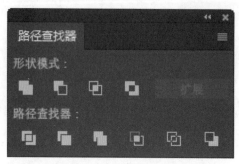

图4-16　【路径查找器】面板

【路径查找器】面板总体分为两个选项区域，分别为【形状模式】选项区域和【路径查找器】选项区域，下面分别进行详细介绍。

1.【形状模式】选项区域

（1）【联合】按钮▣：可以将选择的所有对象合并成一个对象，被选对象内部的所有对象都被删除掉。相加后新对象最前面一个对象的填充颜色与着色样式应用到联合对象上，后面的命令按钮也都遵循这个原则。形状区域联合前后对比如图4-17所示，其中五角星位于顶层，联合后的效果如图4-18所示。

扫一扫
看视频

图4-17　形状区域联合前　　　　　　　图4-18　形状区域联合后

（2）【减去顶层】按钮▣：可以从选定的图形对象中减去一部分，通常是使用前面的对象轮廓为界限，减去下面图形与之相交的部分。图4-19所示是减去操作前的效果，图4-20所示是减去操作后的效果。

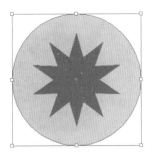

扫一扫
看视频

图4-19　减去操作前　　　　　　　图4-20　减去操作后

（3）【交集】按钮▣：可以将选定的图形对象中相交的部分保留，将不相交的部分删除。如果有多个图形对象，则保留的是所有图形对象的相交部分。图4-21所示是交集操作前的效果，图4-22所示是交集操作后的效果。

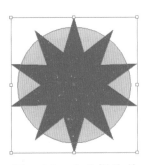

扫一扫
看视频

图4-21　交集操作前　　　　　　　图4-22　交集操作后

（4）【差集】按钮：与【交集】按钮产生的效果正好相反，可以将选定的图形对象中不相交的部分保留，将相交的部分删除。如果选择的图形重叠个数为偶数，那么重叠的部分将被删除；如果重叠的个数为奇数，那么重叠的部分将保留。图 4-23 所示是差集操作前的效果，图 4-24 所示是差集操作后的效果。

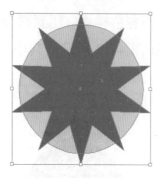 

图4-23　差集操作前　　　　　　　　　　　　图4-24　差集操作后

2.【路径查找器】选项区域

（1）【分割】按钮：可以将所有选定的对象按轮廓线重叠区域分割，从而生成多个独立对象，并删除每个对象被其他对象所覆盖的部分，而且分割后的图形对象填充和颜色都保持不变，各个部分保留原始的对象属性。如果被分割的图形对象带有描边效果，则被分割后的图形对象将按新的分割轮廓进行描边。分割操作前、后对比分别如图 4-25 和图 4-26 所示。

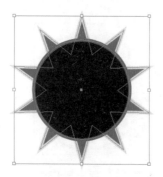 

图4-25　分割操作前　　　　　　　　　　　　图4-26　分割操作后

（2）【修边】按钮：利用上面对象的轮廓来剪切下面的所有对象，将删除图形对象相交时看不到的部分。如果图形对象有描边效果，则删除所有图形对象的描边。修边操作前、后对比分别如图 4-27 和图 4-28 所示。

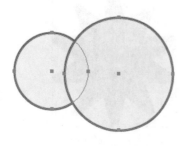  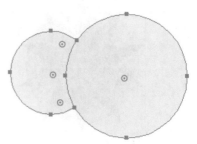

图4-27　修边操作前　　　　　　　　　　　　图4-28　修边操作后

（3）【合并】按钮▣：与【修边】按钮相似，可以利用上面的图形对象将下面的图形对象分割成多份。但是与【修边】按钮所不同的是，合并操作会将颜色相同的重叠区域合并成一个整体。如果图形对象有描边效果，则删除所有图形对象的描边。合并操作前、后对比分别如图4-29和图4-30所示。

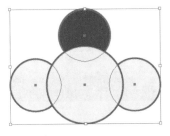

图4-29　合并操作前　　　　　　　　图4-30　合并操作后

（4）【裁剪】按钮▣：利用选定对象按最上面的图形对象为基础，裁剪所有下面的图形对象，最上面图形对象不重叠的部分填充颜色变为无，可以将最上面图形对象相交部分之外的全部裁剪掉。如果图形对象有描边效果，则将删除所有图形对象的描边。裁剪操作前、后对比分别如图4-31和图4-32所示。

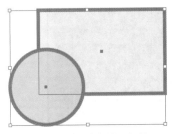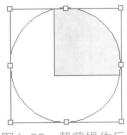

图4-31　裁剪操作前　　　　　　　　图4-32　裁剪操作后

（5）【轮廓】按钮▣：将所有选中图形对象的轮廓线按重叠点裁剪为多个分离路径，并对这些路径按照原图形对象填充颜色进行着色。不管原始图形对象的描边粗细为多少，执行【轮廓】命令后描边的粗细都将变为0。轮廓操作前、后对比分别如图4-33和图4-34所示。

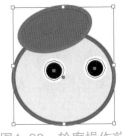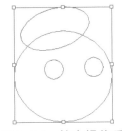

图4-33　轮廓操作前　　　　　　　　图4-34　轮廓操作后

（6）【减去后方对象】按钮▣：与【减去顶层】按钮用法相似，只是该操作使用最后面的图形对象修剪前面的图形对象，保留前面没有与后面图形对象产生重叠的部分。减去后方对象操作前、后对比分别如图4-35和图4-36所示。

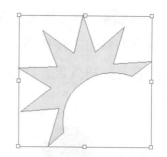

扫一扫
看操作

图4-35　减去后方对象操作前　　　　图4-36　减去后方对象操作后

4.1.7　【旋转】命令

利用【旋转】命令不但可以对所选择的图形对象进行旋转，还可以只旋转图形对象的填充图案，旋转的同时还可以利用辅助键来完成复制。

执行菜单栏中的【对象】→【变换】→【旋转】命令，将打开如图 4-37 所示的【旋转】对话框，利用该对话框可以设置旋转的相关参数。

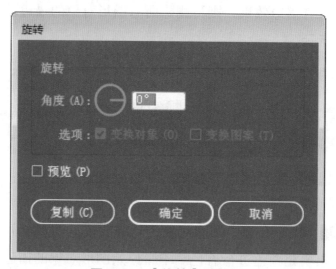

图4-37　【旋转】对话框

【旋转】对话框中各项参数含义如下。

（1）角度：指定图形对象的旋转角度，取值范围为 -360°～360°。如果输入负值，则将按顺指针方向旋转图形对象；如果输入正值，则将按逆时针方向旋转图形对象。

（2）选项：设置旋转的目标对象。勾选【变换对象】复选按钮，表示旋转图形对象；勾选【变换图案】复选按钮，表示旋转图形中的图案填充。

（3）复制：单击该按钮，将按设置的旋转角度复制一个旋转图形对象。

4.1.8　艺术字相关知识及欣赏

1. 文字特征元素

字体是承袭汉字书写发展中各种字体风格的基础上，经过统一整理、修改、装饰而形成的字体。因其多被应用于印刷当中，故又被称为印刷字体。

（1）汉字字体：汉字是世界上最古老、最优美的文字之一。汉字在长期的发展演变过程中创造了多种笔画整齐、结构严谨的印刷字体。汉字从最初的商代甲骨文、钟鼎文，在秦代逐渐发展出篆书、隶书，然后在汉代发展出了楷书、行书、草书。

（2）外文字体：在印刷外文书刊和中文科技书刊时，均可使用外文字体。在外文中使用最多的是拉丁文，也有斯拉夫文、日文和阿拉伯文等文字。外文字体一般分为白体和黑体，白体用于正文，黑体用于标题。

（3）民族文字字体：我国少数民族的出版物和印刷品通常使用民族文字。印刷品中常用的民族文字有蒙古文、藏文、维吾尔文、哈萨克文和朝鲜文等。在用这些民族文字印刷书刊时，正文常用白体，标题常用黑体。

（4）字号：用来计算字体的面积大小，有号数制、级数制和点数制。一般常用的是号数制，简称字号。点数制是世界上流行的计算字体的标准制度。

（5）行距：行距的宽窄是设计师很难把握的问题。行距过窄，上下文文字相互干扰；行距过宽，太多的空白使字行不能有较好的延续性。具体设计要依据主题内容需要而定。一般娱乐性、抒情性界面通过加宽行距以体现轻松、舒展的情绪；也有纯粹出于版式的装饰效果而加宽行距的。另外，为增加版面空间的层次与弹性，可以采用宽、窄同时并存的手法。

字形是指字体站立的角度。字形通常分为以下三种。

（1）正常体：人们最熟悉的一种字形，它不加任何修饰，一般用于正文。

（2）斜体：与粗体字一样，用于页面中需要强调的文本。

（3）下画线体：与斜体的作用类似，用于正文中需要强调的文本，更多的时候用于链接的文字。

2. 文字的艺术图形表现

文字意向表现是将文字意向化，以简洁和直观的图形传达文字更深层的含义。文字的编排表现是人类最初表达思维的符号，是图画及进一步的象形文字。虽然象形文字只是一种形态性的记号，目前已不再使用，但在现代编排设计中却把记号性的文字作为构成元素来表现，这就是字画图形。

字画图形包括由文字构成的图形和把图形加入文字两种形式。前者强调形与功能，具有商业性；后者注重形式和趣味，不特定表达某种含义，而在于可带给设计者一些创作的灵感和启示。

3. 艺术文字的设计原则

（1）思想性：艺术文字设计必须从文字的内容和应用方式出发，确切而生动地体现文字的精神内涵，用直观的形式突出宣传的目的和意义。

（2）实用性：文字的实用性首先是指易识别。文字的结构是人们经过几千年实践才创建、流传、改进并认定的，不可随意更改。进行字体设计，必须使用字形和结构清晰，易于正确识别。其次，字体设计的实用性还体现在众多文字结合时，设计师应该考虑字距、行距、周边空白的妥当处理，做到一目了然，准确传达文章具有的特定信息。

（3）艺术性：现代设计中，文字因受历史和文化背景的影响，可作为特定情境的象征。因此在具体设计中，文字可以成为单纯的审美因素，发挥着与纹样、图片一样的装饰功能。在兼顾实用性的同时，可以按照对称、均衡、对比和韵律等形式美的法则适当调整字形大小、笔画粗细，甚至字体结构，充分发挥设计者独特的个性和对设计作品的理解。

4. 艺术字欣赏

艺术字欣赏示例如图 4-38 所示。

（a）

（b）

图4-38　艺术字欣赏实例

（a）艺术字"设计"；（b）艺术字"五月初五浓情端午"

4.2　项目实战

4.2.1　项目实操

【步骤 1】新建画板：尺寸 A4；方向：竖向；颜色模式：CMYK。

【步骤 2】在工具箱中【文字工具】按钮 **T**，在画板空白处单击，输入文字"青春正能量"，字体为【方正粗谭黑简体】，字体大小为 90 pt，填色为黑色，描边色为无，如图 4-39 所示。

【步骤 3】选择文字，执行菜单栏中的【文字】→【创建轮廓】命令，并执行【对象】→【取消编组】命令，将文字摆放成如图 4-40 所示样式。

扫一扫
看操作

图4-39　输入文字并设置

图4-40　文字摆放效果

【步骤 4】在工具箱中单击【直接选择工具】按钮 ，选择"青"字，按 <Shift> 键选择

"青"字竖向笔画最下方的两个锚点，如图 4-41 所示。按下方向键，将笔画拉长，效果如图 4-42 所示。

图4-41 选择最下方两个锚点　　图4-42 拉长笔画

【步骤 5】再选择"青"字竖向笔画左下方锚点，拉长，效果如图 4-43 所示。

【步骤 6】用同样的方法编辑其他文字，效果如图 4-44 所示。

图4-43 选择左下方锚点并拉长　　图4-44 编辑其他文字

【步骤 7】在工具箱中单击【星形工具】按钮，按组合键 <Shift+Alt> 绘制星形，摆放位置如图 4-45 所示。

【步骤 8】同时选择星形和"青"字，执行菜单栏中的【窗口】→【路径查找器】命令，打开【路径查找器】面板，如图 4-46 所示，单击【分割】按钮生成编组，右击并执行【取消编组】命令。删除多余的碎片路径，用【直接选择工具】调整路径，效果如图 4-47 所示。选择分割后的星形的所有路径，在【路经查找器】面板中单击【联合】按钮。选择所有对象，拼合透明度。

图4-45 绘制星形　　图4-46 【路径查找器】面板

【步骤 9】将"春"字适当缩小并上移，用【文字工具】添加文字"YOUNG"，字体为【Broadway】，效果如图 4-48 所示。

图4-47 删除多余碎片路径并调整　　　　图4-48 添加文字"YOUNG"

【步骤 10】使用【钢笔工具】绘制纸飞机形状效果如图 4-49 所示。

【步骤 11】使用【直接选择工具】删除"能"字部分笔画，效果如图 4-50 所示。

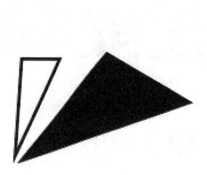

图4-49 绘制纸飞机形状　　　　图4-50 删除"能"字部分笔画

【步骤 12】将纸飞机形状放在"能"字删除的笔画处，效果如图 4-51 所示，整体效果如图 4-52 所示。

图4-51 放置纸飞机形状　　　　图4-52 整体效果

【步骤 13】选择所有对象，执行菜单栏中的【对象】→【变换】→【倾斜】命令，倾斜角度为350°，如图 4-53 所示，效果如图 4-54 所示。

图4-53　设置倾斜角度　　　　　图4-54　设置倾斜角度后的效果

【步骤14】将素材"资源\项目4\素材\01.ai"置于底层，作为背景，效果如图4-55所示。

【步骤15】给文字设置渐变色：深黄色为【C：5%，M：34%，Y：89%，K：0%】；黄色为【C：9%，M：15%，Y：89%，K：0%】。五角星设置填色：红色为【C：0%，M：98%，Y：98%，K：0%】。纸飞机设置填色为白色，效果如图4-56所示。

图4-55　置入素材　　　　　　　　图4-56　整体效果

4.2.2　项目小结

　　艺术字能从汉字的意、形和结构特征出发，对汉字的笔画和结构做合理的变形装饰，书写出美观形象的变体字。艺术字经过变体后，千姿百态，变化万千，是一种字体艺术的创新。

4.3　拓展设计——商业海报文字设计

【步骤1】新建画板：尺寸为A4，方向为竖向，颜色模式为CMYK。

【步骤2】用【文字工具】输入文字"开学季来钜惠"，字体为【方正粗谭黑简体】，填色为黑色，描边色为无，效果如图4-57所示。

扫一扫
看操作

【步骤 3】选择文字并右击，在弹出的快捷菜单中执行【创建轮廓】命令；然后右击，执行【取消编组】命令。

【步骤 4】用【直接选择工具】选择"开"字上方的锚点，用方向键对文字进行变形，效果如图 4-58 所示。

图4-57　输入文字效果　　　　　　　　　　　　　　图4-58　变形文字

【步骤 5】用同样的方法编辑其他文字，效果如图 4-59 所示。

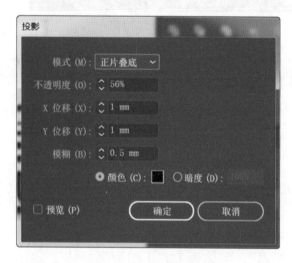

图4-59　编辑其他文字

【步骤 6】选择文字，填色为白色，描边色为无。给文字添加投影，参数设置如图 4-60 所示，效果如图 4-61 所示。

图4-60　设置投影参数　　　　　　　　　　　　　　图4-61　文字投影效果

【步骤7】选择文字，复制并粘贴在后面。保持副本的选择状态，给副本添加描边，填色【C：19%，M：99%，Y：100%，K：0%】，描边粗细为5 pt，使描边外侧对齐，效果如图4-62所示。

【步骤8】打开【庆祝】符号面板，将"气球1""气球3""五彩纸屑"摆放在文字周围，效果如图4-63所示。

【步骤9】执行菜单栏中的【文件】→【置入】命令，置入素材"资源\项目4\素材\02.ai"，调整好素材的大小和位置，效果如图4-64所示。

图4-62 设置副本　　　　　　　　　　　　图4-63 在文字周围摆放符号

图4-64 置入素材并调整大小和位置

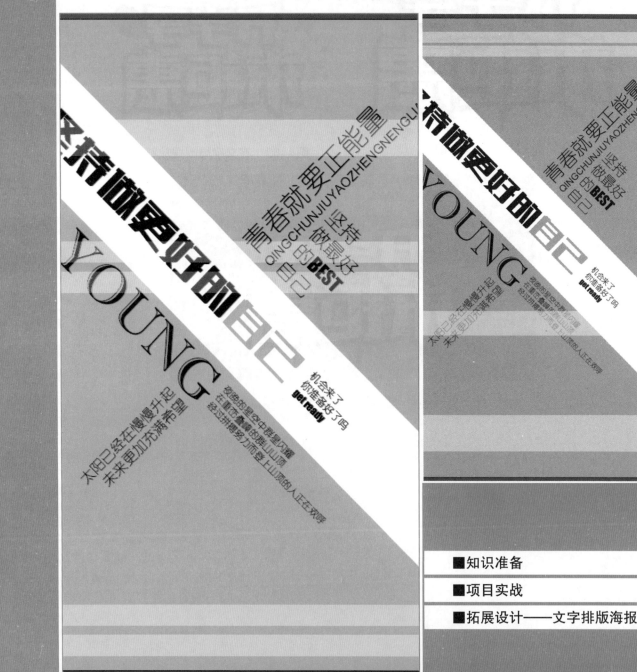

项目 5

文字排版

文字是人类文化的重要组成部分。无论在何种视觉媒体中，文字和图片都是其两大构成要素。文字排列组合的好坏，直接影响版面的视觉传达效果。因此，文字排版设计是增强视觉传达效果，提高作品的诉求力，赋予版面审美价值的一种重要构成技术。图 5-1 所示是文字排版在海报中的应用。

图5-1　文字排版在海报中的应用

5.1　知识准备

5.1.1　橡皮擦工具的应用

Illustrator 中橡皮擦工具与现实生活中的橡皮擦在使用上基本相同，主要用来擦除图形。但橡皮擦工具只能擦除矢量图形，对于导入的位图是不能使用进行擦除处理的。

在使用橡皮擦工具前，可以首先设置橡皮擦的相关参数，如橡皮擦的角度、圆度和直径等。在工具箱中双击【橡皮擦工具】按钮，将弹出【橡皮擦工具选项】对话框，如图 5-2 所示。

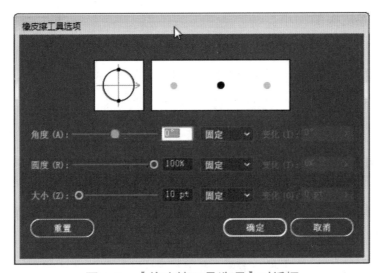

图5-2　【橡皮擦工具选项】对话框

【橡皮擦工具选项】对话框中各参数说明如下。

（1）调整区：通过该区可以直观地调整橡皮擦的外观。拖动图中黑色的小黑点，可以修改橡皮擦的圆角度；拖动箭头可以修改橡皮擦的角度，如图 5-3 所示。

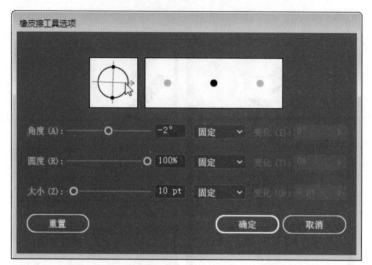

图5-3　【橡皮擦工具选项】中的调整区

（2）预览区：用来预览橡皮擦的设置效果。

（3）角度：在右侧的文本框中输入数值，可以修改橡皮擦的角度值。它与【调整区】中的角度修改方法相同，只是调整的方法不同。从下拉列表中可以修改角度的变化模式，【固定】表示以固定的角度来擦除;【随机】表示在擦除时角度会出现随机的变化；其他选项需要搭配绘图板来设置绘图笔刷的压力、光笔轮等效果，以产生不同的擦除效果。另外，通过修改【变化】值，可以设置角度的变化范围。

（4）圆度：设置橡皮擦的圆角，与【调整区】中的圆角度设置方法相同，只是调整的方法不同。它也有【随机】和【变化】的设置，与【角度】用法一样。

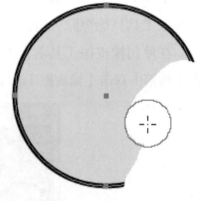

（5）大小：设置橡皮擦的大小。

设置完成后，如果要擦除图形，则可以在工具箱中双击【橡皮擦工具】按钮◆，然后在合适的位置按住鼠标左键并拖动，擦除完成后释放鼠标，即可将经过的图形擦除，效果如图5-4 所示。

图5-4　橡皮擦图形

5.1.2　剪刀工具

剪刀工具主要用来将选中的路径分割开，可以将一条路径分割为两条或多条路径，也可以将封闭的路径剪成开放的路径。

在工具箱中单击【剪刀工具】按钮✂，将鼠标指针移动到路径线段或锚点上，在需要断开的位置单击，然后移动鼠标指针到另一个要断开的路径线段或锚点上，再次单击，如图 5-5 所示。这样就可以将一个图形分割为两个对立的图形，如图5-6所示。

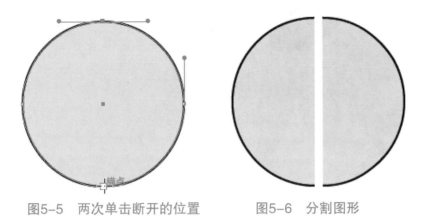

图5-5　两次单击断开的位置　　　图5-6　分割图形

5.1.3　刻刀工具

刻刀和剪刀工具都是用来分割路径的，但刻刀可以将一个封闭的路径分割为两个独立的封闭路径，而且刻刀只应用在封闭路径中，对于开放路径则不起作用。

要分割图形，首先在工具箱中单击【刻刀工具】按钮，然后在适当位置按住鼠标左键并拖动，可以清楚地看到刻刀的拖动轨迹，如图5-7所示。分割完成后释放鼠标，可以看到图形自动处于选中状态，并可以看到刻刀画出的切割线条效果，这样就完成了路径的分割，如图5-8所示。

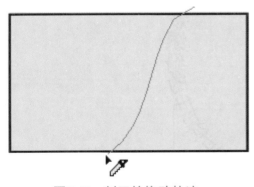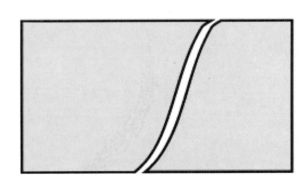

图5-7　刻刀的拖动轨迹　　　　图5-8　分割路径后的效果

5.1.4　路径上的文字

路径文字顾名思义就是需要创建一个路径才可以使用，路径的形状不受限制，可以是任意的路径，而且在添加文字后还可以修改路径的形状。【路径文字工具】和【直排路径文字工具】在用法上是相同的，只是输入的文字方向不同，这里以【路径文字工具】为例进行介绍。

首先制作一个路径，然后在工具箱中单击【路径文字工具】按钮，将鼠标指针移动到要输入文字的路径上，如图5-9所示，然后在路径上单击，这时可以看到路径上出现一个闪动的光标符号，直接输入文字即可，其效果如图5-10所示。

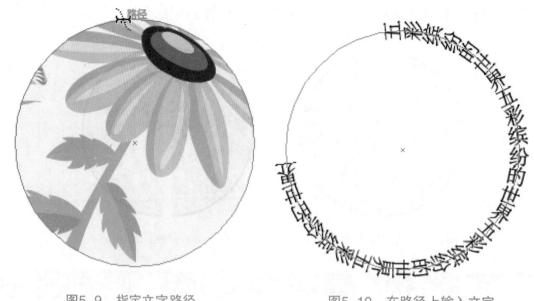

图5-9 指定文字路径	图5-10 在路径上输入文字

输入路径文字后选择路径文字，可以看到在其上出现3个用来移动文字位置的标记，即起点、终点和中心标记，如图5-11所示。

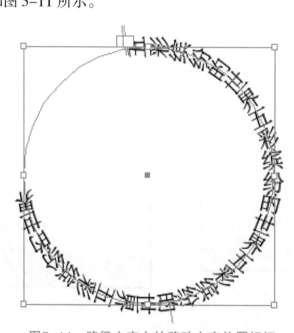

图5-11 路径文字上的移动文字位置标记

5.1.5 沿路径移动文字

要修改路径文字的位置，首先在工具箱中单击【选择工具】按钮▶或【直接选择工具】按▶，然后在路径文字上单击选择路径文字，接着将鼠标指针移动到路径文字的起点标记位置，此时鼠标指针将变成如图5-12所示的黑箭头形状，按住鼠标左键并拖动，可以看到文字沿路径移动的效果，当移动到满意的位置后释放鼠标，即可修改路径的文字位置。修改路径文字位置后的效果如图5-13所示。

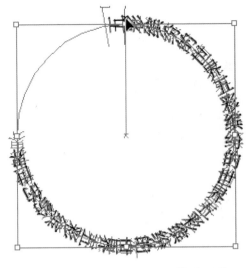
图5-12　鼠标指针变成黑箭头形状

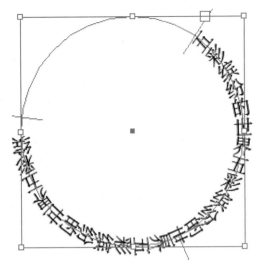
图5-13　修改路径文字位置

5.1.6　沿路径翻转文字

要修改路径文字的方向，首先在工具箱中单击【选择工具】按钮，或【直接选择工具】按钮，然后在路径文字上单击选择路径文字，接着将鼠标指针移动到中心标记位置，鼠标指针将变成如图5-14所示的"田"字形，按住鼠标左键向路径另一侧拖动，可以看到文字翻转到路径的另外一侧，此时释放鼠标，即可修改文字的方向，效果如图5-15所示。

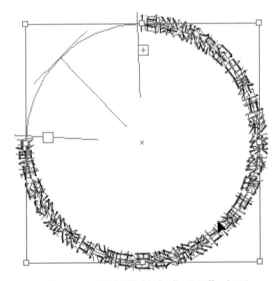
图5-14　鼠标指针变成"田"字形

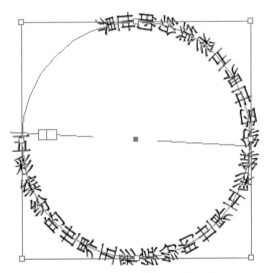
图5-15　修改路径文字方向

5.1.7　修改文字路径

路径文字除了上面显示的沿路径排列方式外，Illustrator还提供了其他的排列方式。执行菜单栏中的【文字】→【路径文字】→【路径文字选项】命令，打开如图5-16所示的【路径文字选项】对话框，利用该对话框可以对路径文字进行更详细地设置。

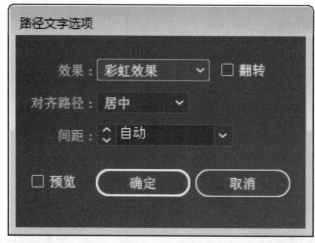

图5-16　【路径文字选项】对话框

【路径文字选项】对话框中各参数的含义说明如下。

（1）效果：设置文字沿路径排列的效果，包括彩虹效果、倾斜效果、3D带状效果、阶梯效果和重力效果5种，如图5-17~图5-21所示。

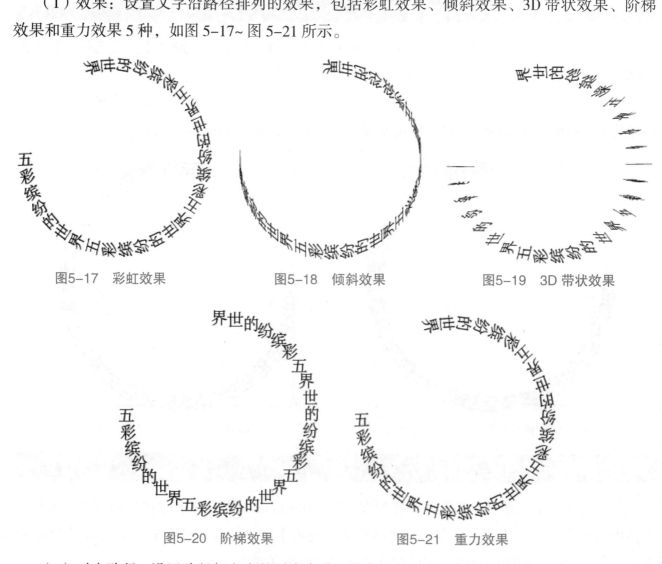

图5-17　彩虹效果　　　　　　　图5-18　倾斜效果　　　　　　　图5-19　3D带状效果

图5-20　阶梯效果　　　　　　　图5-21　重力效果

（2）对齐路径：设置路径与文字的对齐方式，包括字母上缘、字母下缘、居中和基线4种。

（3）间距：设置路径文字的文字间距。基值越大，文字间离得也就越近。

（4）翻转：勾选该复选按钮，可以改变文字的排列方向，即沿路径翻转文字。

5.1.8 创建区域文字

区域文字是一种特殊的文字，需要使用区域文字工具创建。区域文字工具不能直接在文档空白处输入文字，需要借助一个路径区域后才可以使用。路径区域的形状不受限制，可以是任意的路径区域，而且在添加文字后还可以修改路径区域的形状。

要使用区域文字工具，首先绘制一个路径区域，然后单击工具箱中的【区域文字工具】按钮，将鼠标指针移动到要输入文字的路径区域的路径上，然后在路径处单击，如图5-22所示，此时可以看到路径区域的左上角位置出现一个闪动的光标符号，直接输入文字即可，如图5-23所示。如果输入的文字超出了路径区域的大小，则在区域文字的末尾处将显示一个"田"字形标志。

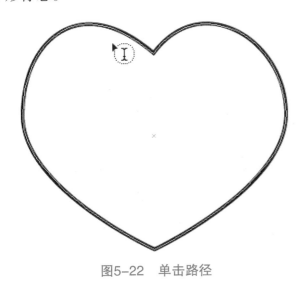

滚滚　　　　长江
东逝水，浪花　淘尽英雄。
是非成败转头空，青山依旧在，
几度夕阳红。白发渔樵江渚上，惯
看秋月春风。一壶浊酒喜相逢，古
今多少事，都付笑谈中。滚滚长江
东逝水，浪花淘尽英雄。是非成
败转头空，青山依旧在，几
度夕阳红。白发渔樵江渚
上，惯看秋月春
风。一

图5-22　单击路径　　　　　　　图5-23　在路径区域处输入文字

5.1.9 区域文字编辑

对于区域文字，不但可以选择单个的文字进行修改，也可以直接选择整个区域文字进行修改，还可以修改区域的形状。

区域文字可以看成一个整体，像图形一样进行随意变换、排列等基本的编辑操作；也可以在被选中状态下拖动文本框上的8个控制点，修改区域文字框的大小；还可以执行菜单栏中的【对象】→【变换】或【对象】→【排列】命令，然后在其级联菜单中执行相应命令对区域文字进行变换。

（1）修改文字框外形：使用【直接选择工具】在文字框的边缘位置单击，可以激活文字框，然后修改文字框边缘的锚点标记，从而改变文字框的操作，如图5-24和图5-25所示是修改前、后效果。

五角　　　　　　星五
角星五角星　　　五角星星
五角星五角星星　五角星五角
五角星五角星星　五角星五角
角星五角星角星五角星星
五角星五角星五角星五角
五角星五角星五角星五角星五角
星五角星五角星五角星五角星五角
五角星五角五角星五角星五角星五星
五角星五角星五角星五角星五角星
五角星五角五
角星五角星角
五角星五
角星五
角

图5-24　修改文字框外形前　　　　　图5-25　修改文字框外形后

（2）为文字框描边和填色：使用【直接选择工具】在文字框的边缘位置单击，即可激活文字框，然后设置填色和渐变，描边和填色前、后效果如图 5-26 和图 5-27 所示。

图5-26　描边和填色前

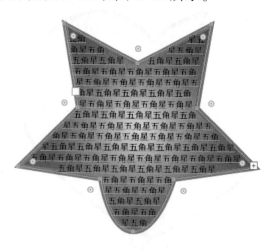

图5-27　描边和填色后

5.1.10　文字排版欣赏

文字排版欣赏示例如图 5-28 所示。

（a）　　　　　　　　　　　　　　　　（b）

图5-28　文字排版欣赏示例

（a）文字排版"女王节"；（b）文字排版"春夏新风尚"

5.2 项目实战

5.2.1 项目实操

【步骤1】新建画板，尺寸为A4、方向为竖向，颜色模式为CMYK。

【步骤2】导入素材"资源 \ 项目5\ 素材 |01.ai"并按组合键 <Ctrl+2> 将其锁定，效果如图5-29所示。

【步骤3】在工具箱中单击【矩形工具】按钮 ，绘制矩形。矩形的填色设置为无。描边色为黑色，描边粗细为2 pt，如图5-30所示。

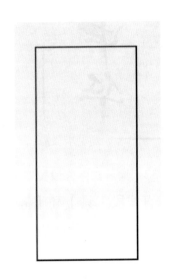

扫一扫
看操作

图5-29 导入素材并锁定 　　图5-30 绘制矩形并填色和描边

【步骤4】在工具箱中单击【剪刀工具】按钮 ，并在矩形上需要断开的位置单击，将矩形剪开，如图5-31所示，选择剪开的路径，删除，效果如图5-32所示。

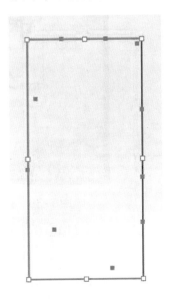
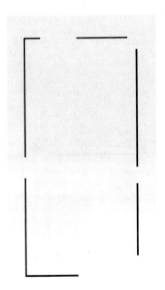

图5-31 剪开矩形 　　　　图5-32 删除剪开的路径

【步骤5】在工具箱中单击【文字工具】按钮 T ，按住鼠标左键，在弹出的子菜单中选择【直排文字工具】，输入文字"爱我中华"，字体为【汉仪秦川飞影W】，如图5-33所示。将文字创建轮廓并取消编组，用直接选择工具调整文字形状摆放在矩形内，效果如图5-34所示。

图5-33 输入文字并设置字体   图5-34 区域文字编辑

【步骤6】使用【直线段工具】和【椭圆工具】绘制直线和椭圆组成的复合形状。直线和椭圆的填色设置为无，描边色为黑色，描边粗细为0.5 pt，效果如图5-35所示。将复合形状分别摆放在背景上方和矩形内部，如图5-36所示。

图5-35 复合形状的填色和描边   图5-36 放置复合形状

【步骤7】使用【画笔工具】绘制印章形状，填色设置为【红色C：0%，M：96%，Y：93%，K：0%】，描边色为无，效果如图5-37所示。

【步骤8】使用【直排文字工具】输入文字"水墨"，字体为【方正舒体】。文字颜色为白色，效果如图5-38所示。

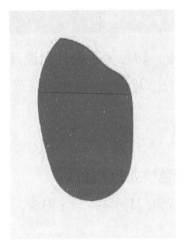

图5-37 绘制并设置印章的填色和描边色　　　　图5-38 输入文字并设置

【步骤9】使用【钢笔工具】绘制路径，填色设置为无，描边色为黑色，描边粗细为1 pt，如图5-39所示。使用【直接选择工具】选中路径，拖动圆角控制点，将路径的尖角转换为圆角制作祥云，效果如图5-40所示。

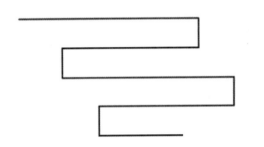

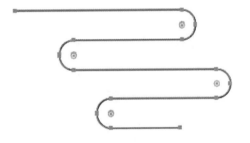

图5-39 绘制路径并设置　　　　图5-40 使用直接选择工具制作祥云

【步骤10】复制祥云，摆放在矩形周围，效果如图5-41所示。

【步骤11】添加其余文字，效果如图5-42所示。

图5-41 复制祥云并摆放　　　　图5-42 添加其余文字

5.2.2　项目小结

设计中的文字应避免繁杂凌乱，使人易认、易懂，切忌为了设计而设计，从而忘记了文字设计的根本目的是为了更有效地传达作者的意图，表达设计的主题和构想意念。

5.3　拓展设计——文字排版海报

【步骤 1】新建画板：尺寸 A4，方向为竖向，颜色模式为 CMYK。

【步骤 2】绘制与画布等大的矩形，填色为【C：7%，M：43%，Y：81%，K：0%】，如图 5-43 所示。按组合键 <Ctrl+2>，将矩形锁定。

【步骤 3】使用【矩形工具】绘制矩形，填色为白色，描边色为无，将矩形旋转 45°，效果如图 5-44 所示。

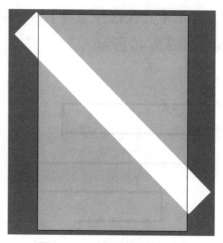

图5-43　绘制矩形并填色　　　　图5-44　绘制并旋转矩形

【步骤 4】使用【文字工具】输入文字，字体为【方正粗谭黑简体】，文字颜色为黑色，将文字旋转 45°，如图 5-45 所示。

【步骤 5】继续输入文字，汉字字体为【幼圆】，英文字体为【Impact】，旋转角度为 45°，效果如图 5-46 所示。

图5-45　输入文字并旋转　　　　图5-46　继续输入文字并旋转

【步骤6】用同样的方法输入其他文字，其中文字"YOUNG"的字体为【Imprint MT Shadow】，效果如图5-47所示。

【步骤7】选择黄色矩形复制并粘贴在前面，选择副本并右击，在弹出的快捷菜单中执行【排列】→【置于顶层】命令。选择所有对象，按组合键 <Ctrl+7>，建立剪切蒙版，效果如图5-48所示。

图5-47　输入其他文字

图5-48　整体效果

京味烤鸭

项目 **6**

京味烤鸭：199元/例

菜单设计

京味烤鸭：19

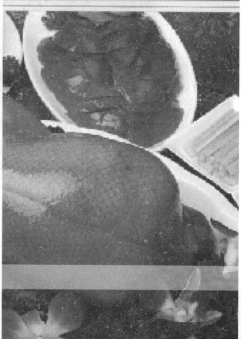

京味烤鸭：19

■知识准备

■项目实战

■拓展设计——菜单内页设计

　　菜单最初指餐馆提供的列有各种菜肴的清单。广义的菜单是指餐厅中一切与该餐饮企业产品、价格及服务有关的信息资料，不仅包含各种文字图片资料、声像资料及模型与实物资料，甚至还包括顾客点菜后服务员所写的点菜单。狭义的菜单则是指餐饮企业为便于顾客点菜订餐而准备的介绍该企业产品、服务与价格等内容的各种印刷品。图6-1所示是菜单设计示例。

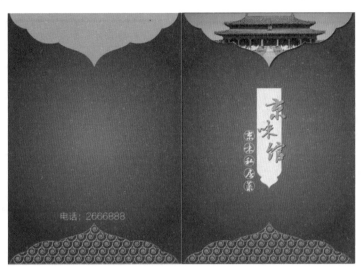

图6-1　菜单设计示例

6.1　知识准备

6.1.1　渐变填充

　　渐变填充是实际制图中使用率相当高的一种填充方式，它与单色填充最大的不同在于单色由一种颜色组成，而渐变则由两种或两种以上的颜色组成。

　　执行菜单栏中【窗口】→【渐变】命令，即可打开如图6-2所示的【渐变】面板，该面板主要用来编辑渐变颜色。

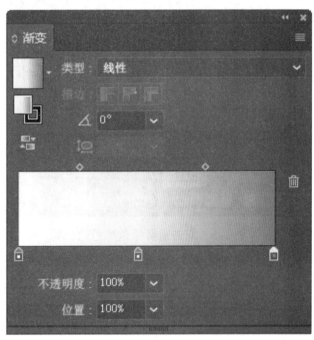

图6-2　【渐变】面板

（1）修改渐变类型：渐变包括线性与径向两种类型。线性即渐变颜色以线性的方式排列；径向即渐变颜色以圆形径向的形式排列。如果要修改渐变的填充类型，只需要选择填充渐变的图形后，在【渐变】面板的【类型】下拉列表中选择相应的选项即可。线性渐变和径向渐变的填充效果分别如图 6-3 和图 6-4 所示。

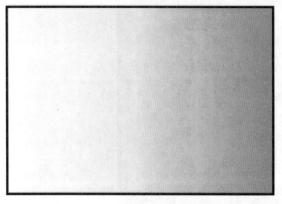

图6-3 线性渐变填充效果

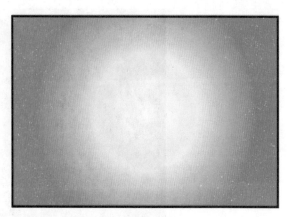

图6-4 径向渐变填充效果

（2）修改渐变颜色：在【渐变】面板中，渐变的颜色主要由色标来控制，要修改渐变的颜色只需要修改不同位置的色标颜色即可。首先在【渐变】面板中双击需要修改颜色的色标，如图 6-5 所示，然后在色板中单击需要的颜色，即可修改选中的色标颜色。使用同样的方法可以修改其他色标的颜色，如图 6-6 所示。

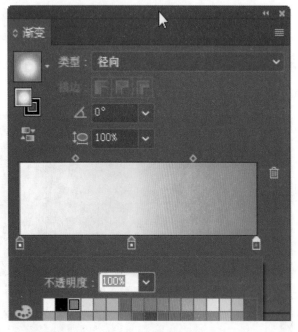

图6-5 双击需要修改颜色的色标

图6-6 修改其他色标的颜色

（3）添加色标：将鼠标指针移动到【渐变】面板底部渐变滑块区域的空白位置，此时鼠标指针右下角出现一个"十"字形，如图 6-7 所示，单击即可添加一个色标，如图 6-8 所示。用同样的方法可以在其他空白位置单击，添加更多的色标。

图6-7 "十"字形位置

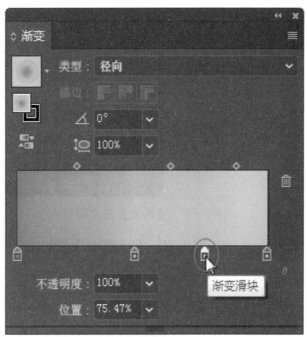

图6-8 添加色标

（4）删除色标：如果要删除不需要的色标，则可以将鼠标指针移动到该色标上，然后按住鼠标左键向【渐变】面板的下方拖动，当【渐变】面板中该色标的颜色显示消失时释放鼠标，即可将该色标删除。删除色标前、后对比分别如图 6-9 和图 6-10 所示。

图6-9 删除色标前

图6-10 删除色标后

（5）修改渐变角度：选择需要修改渐变角度的图形对象，在【渐变】面板的【角度】文本框中输入新的值，然后按 <Enter> 键即可，修改渐变角度前、后对比如图 6-11 和图 6-12 所示。

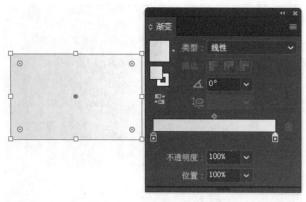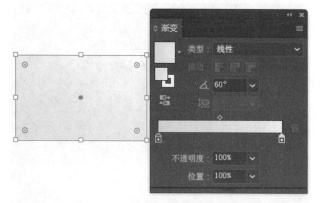

图6-11　修改渐变角度前　　　　　　　　　　　图6-12　修改渐变角度后

（6）修改渐变位置：在【渐变】面板中，选择要修改位置的色标，可以从【位置】文本框中看到当前色标的位置。输入新的值，或者拖动鼠标指针到新的位置即可。修改渐变位置前、后对比如图 6-13 和图 6-14 所示。

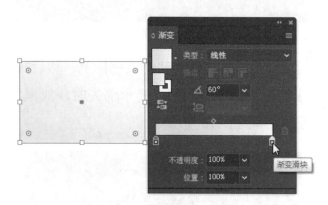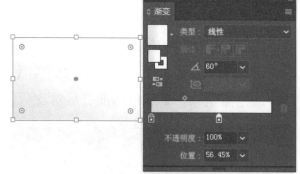

图6-13　修改渐变位置前　　　　　　　　　　　图6-14　修改渐变位置后

6.1.2　镜像对象

镜像也称反射，在制图中比较常用，一般用来制作对称图形或倒影。对于对称的图形和倒影来说，重复绘制不但会带来较大的工作量，而且也不能保证绘制出来的图形与原图形完全相同，这时可以应用【镜像】命令轻松获得图像的镜像效果。

执行菜单栏中【对象】→【变换】→【对称】命令，即可打开如图 6-15 所示的【镜像】对话框，利用该对话框可以设置镜像的相关参数。

【轴】选项组：点选【水平】单选按钮，表示图形以水平轴为基础进行镜像，即图形进行上下镜像。点选【垂直】单选按钮，表示图形以垂直轴线为基础进行镜像，即图形进行左右水平镜像。点选【角度】单选按钮，可以在右侧的文本框中输入一个角度值，取值范围为 –360° ~360°，指定镜像参考轴与水平线的夹角，以参考轴为基础进行镜像。

图6-15　【镜像】对话框

6.1.3　剪切蒙版

剪切蒙版可以将一些图形或图像需要显示的部分显示出来，而将其他部分遮住。蒙版图形可以是开放或封闭路径，但必须位于被蒙版对象的前面。

要使用剪切蒙版，必须保证蒙版轮廓与被蒙版对象位于同一图层中，或同一图层的不同子图层中，如图 6-16 所示。选择需要蒙版的图层，然后确定蒙版轮廓在被蒙版图层的最上方，单击【图层】面板底部的【建立 / 释放剪切蒙版】图标 ，即可建立剪切蒙版效果，如图 6-17 所示。

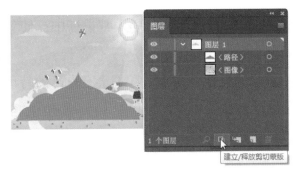
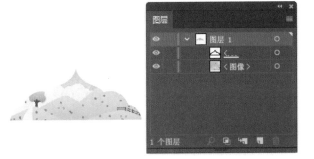

图6-16　蒙版轮廓位置　　　　　　　　　　图6-17　剪切蒙版效果

6.1.4　【外观】面板

在 Illustrator 中，外观描述了当前对象的属性，这些属性包括图形的填充、描边、透明度及通过【效果】菜单添加的各种效果。一个最简单的图形对象也应该具有 3 个基本的外观属性，即填充、描边和透明度。

执行菜单栏中的【窗口】→【外观】命令，可以打开【外观】面板，如图 6-18 所示。

图6-18　【外观】面板

6.1.5　菜单的相关知识及欣赏

1. 菜单设计的要素

菜单是餐厅在经营活动中的重要环节，任何一家餐厅都离不开菜单，菜单的设计制作也是以餐厅的宣传和盈利为目的的。在菜单的设计制作过程中，一定要注意菜单设计的相关要素，具体的要素介绍如下。

（1）菜单设计：为了方便消费者阅览、吸引并刺激消费者食欲，设计者在对菜单进行设计之前需要了解消费者的需求，再根据其口味、喜好的习惯来设计菜单。同时设计者还需要了解餐厅的特色文化，以及人力、物力和财力等情况，对餐厅的水准、市场供应等情况做到心中有数。这样在设计制作菜单的过程中才能够有选择地突出重点菜品，保证餐厅获得较高的关注度和销售利润，还需要做到尽量体现消费者的喜好。

（2）菜单封面：在菜单设计中，不能忽视菜单封面的重要性，毕竟消费首先接触到的就是菜单封面。一个合格的菜单封面在设计时需要考虑将餐厅的特色和风格融入其设计中，使菜单能够和餐厅的风格形成统一。

（3）特色菜品：菜品的介绍和推荐是菜单设计中重要的元素，每家餐厅都会有自己的特色菜品和重点推荐菜品，如何在菜单设计中扬长避短也是设计者在菜单设计过程中重点考虑的内容。

2. 菜单设计的一般要求

一般情况下，餐厅菜单的理想尺寸为23~30 cm。在菜单设计排版过程中，文字内容占页面的面积不应超过50%。餐厅菜单不仅仅是一张印有字的纸，更希望其能够成为餐厅文化特色的载体，能够充分反映出餐厅的文化特色。

3. 菜单制作材料和装订方式

目前市场上大多数餐厅菜单所使用的材质为普通铜版纸或布纹铜版纸。普通铜版纸在涂料后又经过超级压光机压光，表面平滑度高、光泽度好、强度高，印刷时网点光洁、再现性好、图像清晰、色彩鲜艳，商业印刷中常使用铜版纸来印刷彩色广告、画册和包装纸袋等。布纹铜版纸是用旧毛毯压过的，用来印刷风景画、年历等，可以取得特殊的质地效果。

4. 菜单欣赏

菜单欣赏示例如图6-19所示。

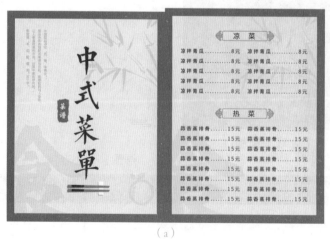

（a）

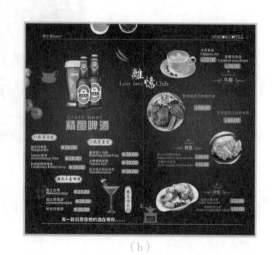

（b）

图6-19 菜单欣赏示例

（a）中式菜单；（b）西餐菜单

6.2 项目实战

6.2.1 项目实操

【步骤1】新建画板：尺寸为 A4，方向为竖向，颜色模式为 CMYK。

【步骤2】绘制与画板等大的矩形，设置渐变填色：在【类型】下列表中选择【径向】选项；左渐变滑块区域为【C：44%，M：81%，Y：37%，K：0%】，右渐变滑块区域为【C：69%，M：100%，Y：62%，K：40%】；在【位置】文本框中输入 59%，如图 6-20 所示。按组合键 <Ctrl+2> 锁定矩形，效果如图 6-21 所示。

图6-20 绘制矩形并填色渐变

图6-21 锁定渐变

【步骤3】绘制 3 个正圆，摆放位置如图 6-22 所示。

【步骤4】使用【直接选择工具】调整最大正圆底部的锚点，效果如图 6-23 所示。

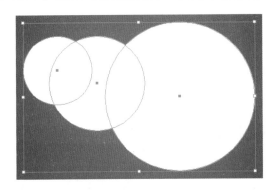

图6-22 绘制3个圆

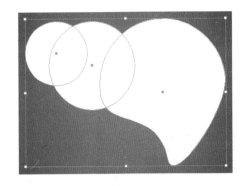

图6-23 调整最大正圆底部的锚点

【步骤5】选择 3 个椭圆对象，在【路经查找器】中单击【联合】按钮。绘制矩形，摆放在如图 6-24 所示的位置。选择所有对象，在【路经查找器】面板中单击【减去顶层】按钮，效果如图 6-25 所示。

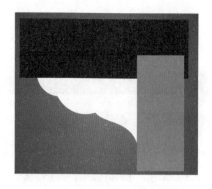

图6-24　绘制矩形并摆放

图6-25　选择所有对象并减去顶层

【步骤6】选择白色路径，执行菜单栏中的【对象】→【变换】→【对称】命令，打开如图6-26所示的【镜像】对话框，在对话框中单击【复制】按钮，两路径摆放位置如图6-27所示。

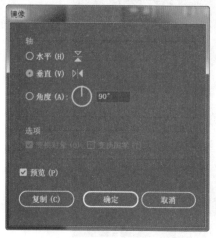

图6-26　【镜像】对话框

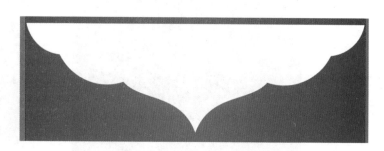

图6-27　两路径摆放位置

【步骤7】选择两个白色路径，在【路经查找器】面板中单击【联合】按钮。将白色路径摆放在画板顶端，效果如图6-28所示。

【步骤8】选择白色路径，复制一份放在一旁备用。

【步骤9】执行菜单栏中的【文件】→【置入】命令，置入素材"资源\项目6\素材\01.tif"，调整好素材的大小和位置，效果如图6-29所示。

图6-28　选择白色路径并摆放在画板顶端

图6-29　置入素材

【步骤 10】选择白色路径，按组合键 <Shift+Ctrl+]> 置于顶层。选中两个对象按合键 <Ctrl+7> 组建立剪切蒙版，效果如图 6-30 所示。

【步骤 11】选择剪切组，设置描边色为【C: 11%，M: 57%，Y: 73%，K: 0%】，在【投影】面板中，设置相关参数，如图 6-31 所示，效果如图 6-32 所示。

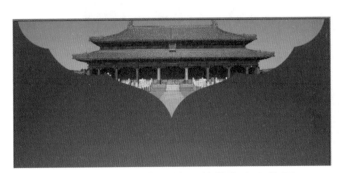

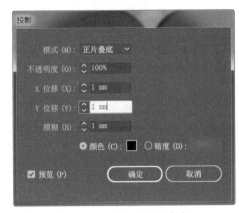

图6-30　置入素材并调整其大小和位置　　　　图6-31　设置投影参数

【步骤 12】打开素材"资源 \ 项目 6\ 素材 \01.ai"，将素材提供的复合路径移动到当前文档中并选择所有素材路径，在【路径查找器】面板中单击【合并】按钮，摆放位置如图 6-33 所示。

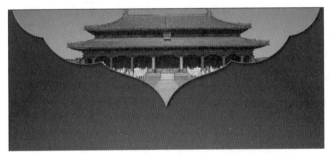

图6-32　设置描边色和投影　　　　　　　图6-33　素材路径摆放位置

【步骤 13】选择备份的白色路径，调整大小和位置，如图 6-34 所示。

【步骤 14】选择白色路径和复合路径，按组合键 <Ctrl+7> 建立剪切蒙版，给剪切组设置描边色为【C: 11%，M: 57%，Y: 73%，K: 0%】，效果如图 6-35 所示。

图6-35　设置剪切组的描边色　　　　　　图6-34　调整白色路径的大小和位置

【步骤 15】用【步骤 3】~【步骤 5】的方法绘制路径，填色为【C: 7%，M: 11%，Y: 28%，K: 0%】，效果如图 6-36 所示。

【步骤 16】使用【直排文字工具】输入文字"京味馆"，字体为【方正吕建德体】，填色为【C: 11%，M: 57%，Y: 73%，K: 0%】，效果如图 6-37 所示。

图6-36　绘制路径并填色　　　　　　　　图6-37　输入文字并设置

【步骤 17】添加其他文字和路径，效果如图 6-38 所示。

【步骤 18】制作菜单反面，效果如图 6-39 所示。

图6-38　添加其他文字和路径　　　　　　　图6-39　制作菜单反面

6.2.2　项目小结

　　一个设计精美的菜单封面是餐馆的门面，也是餐馆的重要标记，精美的菜单会给消费者留下深刻的印象。菜单的封面设计要突出本餐馆的经营风格，无论是其图案、颜色都要把握好。例如，一家宫廷菜餐馆，其菜单封面应体现经营的标志，以古色古香、具有皇家气派为主。如果是现代餐厅，则其菜单封面应从表现时代节奏入手，要有现代气息的艺术内容。

6.3 拓展设计——菜单内页设计

【步骤1】新建画板：尺寸为 A4，方向为竖向，颜色模式为 CMYK。

【步骤2】绘制与画板等大的矩形，填色为【C：3%，M：23%，Y：37%，K：0%】，描边色为无，如图 6-40 所示。

【步骤3】选择矩形，然后执行菜单栏中的【窗口】→【外观】命令，打开【外观】面板，单击【外观】面板菜单按钮，选择【添加新填色】选项，如图 6-41 所示。

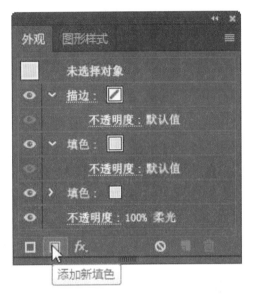

图6-40 绘制矩形并填色和描边　　　　　　　　图6-41 为矩形添加新填色

【步骤4】打开新填色的色板，执行色板菜单中的【打开色板库】→【图案】→【基本图形】→【基本图形 — 纹理】命令，打开【基本图形 — 纹理】面板，如图 6-42 所示。在【基本图形 — 纹理】面板中选择"影线"图案，并在【透明度】面板中将【混合模式】改为【叠加】，效果如图 6-43 所示。

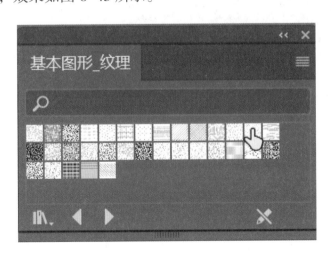

图6-42 【基本图形 — 纹理】面板　　　　　　　图6-43 修改混合模式

【步骤 5】用"资源 \ 项目 6\ 素材 \01.ai"提供的复合路径摆放图形，效果如图 6-44 所示。

【步骤 6】绘制两个矩形，填色为无，描边色为【C：46%，M：100%，Y：69%，K：10%】，描边粗细分别为 1 pt 和 3 pt，效果如图 6-45 所示。

图6-44　用复合路径摆放图形

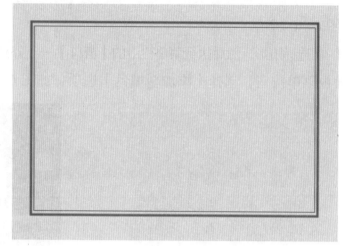

图6-45　绘制两个矩形并设置

【步骤 7】绘制路径，填色为【C：46%，M：100%，Y：69%，K：10%】，描边色为【C：7%，M：11%，Y：28%，K：0%】，描边粗细 1 pt，添加投影，效果如图 6-46 所示。

【步骤 8】置入"资源 \ 项目 6\ 素材 \02.tif"，调整大小和位置，效果如图 6-47 所示。

图6-46　绘制路径并添加投影

图6-47　置入素材并调整大小和位置

【步骤 9】添加文字，字体为【方正兰亭超细黑简体】，填色为【C：46%，M：100%，Y：69%，K：10%】，效果如图 6-48 所示。

【步骤 10】用同样的方法置入"资源 \ 项目 6\ 素材 \03.tif"，并添加其他内容，效果如图 6-49 所示。

图6-48　添加文字并设置

图6-49　置入素材并添加其他内容

项目 7

公益海报设计

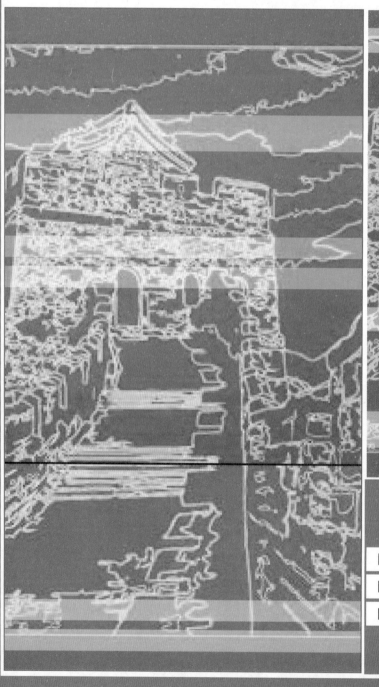

- ■知识准备
- ■项目实战
- ■拓展设计——魅力中国海报

　　海报艺术距今已有 100 多年的历史，是一种张贴于公共场所的户外平面印刷广告，主要分为商业海报和社会公益海报两大类型。虽然海报艺术随着信息时代的到来而面临来自报纸、杂志、电视等媒体的冲击，但不断求异创新的公益海报艺术所显示出的高文化含量，以及在视觉表现上的独特艺术魅力，仍旧处于广告宣传媒体的重要地位，图 7-1 所示是公益海报示例。

图7-1　公益海报示例

7.1　知识准备

7.1.1　符号工具组

　　符号工具组有 8 种工具，分别是【符号喷枪工具】、【符号移位器工具】、【符号紧缩器工具】、【符号缩放器工具】、【符号旋转器工具】、【符号着色器工具】、【符号滤色器工具】、【符号样式器工具】，如图 7-2 所示。

　　在符号工具组中双击任意一个符号工具，将打开【符号工具选项】对话框，如图 7-3 所示。

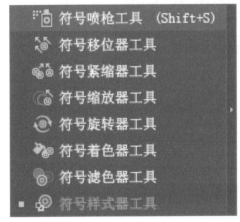 

图7-2　符号工具组　　　　　　　　图7-3　【符号工具选项】对话框

在该对话框中，有部分参数是相同的，为了后面不重复介绍，在此先将相同的参数介绍如下。

（1）直径：设置符号工具的笔触大小。

（2）方法：选择符号的编辑方法，有 3 个选项可供选择，即【平均】【用户定义】和【随机】，一般选择【用户定义】选项。

（3）强度：设置符号变化的速度，其值越大，表示变化的速度也就越快。

（4）符号组密度：设置符号的密集度，它会影响整个符号工具组，其值越大，符号越密集。

（5）工具区：显示当前使用的工具，当前工具处于被按下状态。可以单击其他工具来切换不同工具并显示该工具的属性设置选项。

（6）显示画笔大小和强度：勾选该复选按钮，在使用符号工具时，可以直观地看到符号工具的大小和强度。

7.1.2 符号喷枪工具

符号喷枪工具像生活中的喷枪一样，只是其喷出的是一系列的符号对象，利用该工具在文档中单击或随意拖动，可以将符号应用到文档中。在符号工具组中双击【符号喷枪工具】按钮，可以打开如图 7-4 所示的对话框，可以利用该对话框对符号工具的参数进行设置，对话框中部分参数介绍如下。

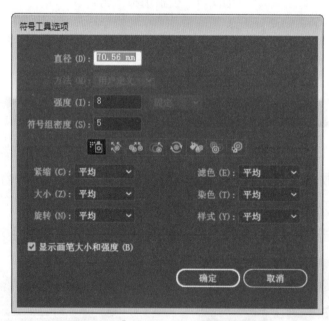

图7-4 【符号工具选项】对话框

（1）紧缩：设置产生符号组的初始收缩方法。

（2）大小：设置产生符号组的初始大小。

（3）旋转：设置产生符号组的初始旋转方向。

（4）滤色：设置产生符号组时使用 100% 的不透明度。

（5）染色：设置产生符号组时使用当前的填充颜色。

（6）样式：设置产生符号组时使用当前选定的样式。

在使用【符号喷枪工具】之前，首先选择要使用的符号。执行菜单栏中的【窗口】→【符号库】→【花朵】命令，打开【花朵】面板，选择需要的符号，如图 7-5 所示，然后在符号工具组中双击【符号喷枪工具】按钮，在文档中按住鼠标左键随意拖动，拖动时可以看到如图 7-6 所示的轮廓。拖动完成后释放鼠标即可产生符号效果，如图 7-7 所示。

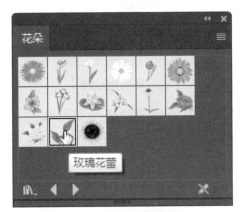

图7-5　【花朵】面板

图7-6　拖动轮廓

图7-7　符号效果

利用【符号喷枪工具】可以在原符号组中添加其他类型的符号，以创建混合的符号组。首先选择要添加其他符号的符号组，然后在【花朵】面板中选择其他符号，如图 7-8 所示，使用【符号喷枪工具】在原符号组中拖动，可以看到拖动时新符号组产生的轮廓，如图 7-9 所示，达到满意后释放鼠标，即可添加符号到符号组中，效果如图 7-10 所示。

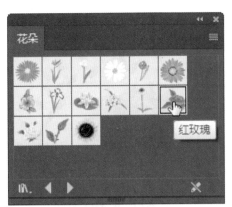

图7-8　选择其他符号

图7-9　新符号组产生的轮廓

图7-10　添加新符号

7.1.3　符号移位器工具

符号移位器工具主要用来移动文档中的符号组中的符号实例，还可以改变符号组中符号的前后顺序。要移动符号实例的位置，首选选择该符号组，然后在符号工具组中双击【符号移位器工具】按钮，将鼠标指针移动到要移动的符号实例上面，效果如图 7-11 所示，按住鼠标左键并拖动，在拖动时可以看到符号实例移动的轮廓效果，达到满意后释放鼠标即可移动符号实例位置，效果如图 7-12 所示。

图7-11　符号实例移动轮廓　　　　　　　　图7-12　移动符号实例位置

　　要修改符号的顺序，首先要选择一个符号实例或符号组，然后在要修改位置的符号实例上使用【符号移位器工具】，按组合键 <Shift+Alt> 将该符号实例后移一层，按 <Shift> 键可以将该符号实例前移一层。

7.1.4　符号紧缩器工具

　　符号紧缩器工具可以将符号实例向内收缩或向外扩展，以制作紧缩或分散的符号效果。要制作符号实例的收缩效果，首先选择要修改的符号组，然后在符号工具组中双击【符号紧缩器工具】按钮，在需要收缩的符号实例上按住鼠标左键不放或拖动鼠标，可以看到符号实例快速地向鼠标指针处收缩轮廓，如图 7-13 所示，达到满意效果后释放鼠标，即可完成符号的收缩，效果如图 7-14 所示。

图7-13　符号实例收缩轮廓　　　　　　　　图7-14　收缩符号实例

　　要制作符号实例的扩展效果，首先选择要修改的符号组，然后在符号工具组中双击【符号紧缩器工具】按钮，在按 <Alt> 键的同时将鼠标指针移动到需要扩展的符号实例上并按住鼠标左键不放或拖动鼠标，可以看到符号实例快速地从鼠标指针处向外扩散，如图 7-15 所示，达到满意效果后释放鼠标，即可完成符号的扩展，效果如图 7-16 所示。

图7-15 符号实例扩散轮廓　　　　　　　　　图7-16 扩展符号实例

7.1.5 符号缩放器工具

符号缩放器工具可以将符号实例放大或缩小，以制作出大小不同的符号实例效果，产生丰富的层次感觉。在符号工具组中双击【符号缩放器工具】按钮 ，可以打开如图 7-17 所示的对话框，利用该对话框可以对参数进行设置。

（1）等比缩放：勾选该复选按钮，将等比缩放符号实例。

（2）调整大小影响密度：勾选该复选按钮，在调整符号实例大小的同时将调整符号实例的密度。

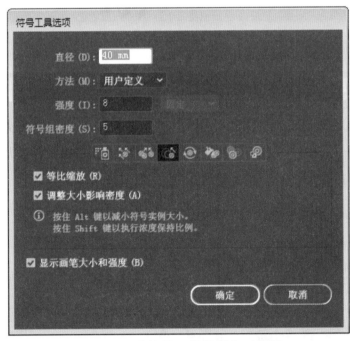

图7-17 【符号工具选项】对话框

要放大符号实例，首先选择该符号组，然后在符号工具组中双击【符号缩放器工具】按钮 ，将鼠标指针移动到要缩放的符号实例上方，单击或按住鼠标左键不放，都可以将符号实例放大，放大前、后的效果如图 7-18 和图 7-19 所示。

图7-18　放大符号实例前

图7-19　放大符号实例后

要缩小符号实例，首先选择该符号组，然后在符号工具组中双击【符号缩放器工具】按钮，将鼠标指针移动到要缩放的符号实例上方，按 <Alt> 键的同时单击或按住鼠标左键不放，都可以将符号实例缩小，完成后的效果如图 7-20 所示。

图7-20　缩小符号实例

7.1.6　符号旋转器工具

符号旋转器工具可以旋转符号实例的角度，制作出不同方向的符号效果。首先选择要旋转的符号组，然后在符号工具组中双击【符号旋转器工具】按钮，在要旋转的符号实例上按住鼠标左键拖动，拖动的同时在符号实例上将出现一个蓝色的箭头图标，如图 7-21 所示，显示符号实例的旋转方向，达到满意效果后释放鼠标，即可得到如图 7-22 所示的效果。

图7-21　蓝色箭头图标位置

图7-22　旋转符号实例

7.1.7　符号着色器工具

符号着色器工具可以在选择的对象上单击或拖动，对符号进行重新着色。要进行符号的着色，首先选择要着色的符号组，然后在符号工具组中双击【符号着色器工具】按钮 ，在【颜色】面板中选择颜色，然后将鼠标指针移动到要着色的符号上单击或拖动鼠标。如果要产生较深的颜色，则可以多次单击，释放鼠标后效果如图 7-23 所示。

图7-23　对符号实例着色

7.1.8　符号滤色器工具

符号滤色器工具可以改变文档中所选符号实例的不透明度，以制作出深浅不同的透明效果。要改变不透明度，首先选择要滤色的符号组，然后在符号工具组中双击【符号滤色器工具】按钮 ，将鼠标指针移动到要设置不透明度符号实例的上方，单击或按住鼠标左键拖动，同时可以看到受到影响的符号实例将显示出蓝色的边框效果。单击的次数越多，符号变得越透明，效果如图 7-24 所示。

图7-24　对符号实例滤色

7.1.9　符号样式器工具

符号样式器工具需要配合【艺术效果】面板使用，为符号实例添加各种特殊的样式效果，如投影、羽化、发光灯效果。首先选择要使用的符号组，然后在符号工具组中双击【符号样式器工具】按钮 ⟨图⟩。执行菜单栏中的【窗口】→【图形样式】命令，打开如图 7-25 所示的【艺术效果】面板，选择一个合适的样式，然后在符号组中单击或按住鼠标左键拖动，释放鼠标即可为符号实例添加图形样式，效果如图 7-26 所示。

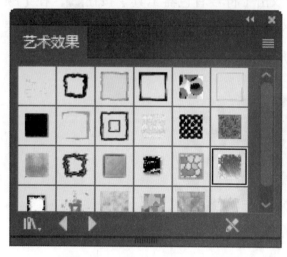

图7-25　【艺术效果】面板

图7-26　添加图形样式

7.1.10　公益海报的相关知识及欣赏

1. 公益海报的主题

公益海报的主题主要有以下 6 种。

（1）以人类社会的环保题材为主题。保护自然、保护环境、保护野生动物、节约土地资源、节约水资源，以及防止水污染、防止空气污染、防止噪声污染等题材成为公益海报的主题，以传达人类与大自然和谐共处的美好愿望。

（2）以人类的生命健康题材为主题。拒绝毒品、珍爱生命、禁烟、禁酒、交通安全、卫生防疫等与生命价值相关的主题。

（3）以宣扬社会的新风尚、美德题材为主题。家庭和睦、尊老爱幼、亲情友情爱情、遵纪守法、互助友爱、保护妇女儿童的合法权益及遏制家庭暴力等题材早已成为公益海报中扬善弃恶的宣传主题。

（4）以振兴教育、科技发展的题材为主题。希望工程、失学儿童、学生的增负与减负问题，再就业工程、尊重知识产权打击盗版等题材成为公益海报表现的科教主题。

（5）以提高社会的人口素质题材为主题。控制人口、计划生育、人口老龄化、高素质人才等题材成为公益海报表现的主题。

（6）以弘扬民族文化及爱国精神题材为主题。一切促进国家的繁荣、发展、和平、统一等题材都是公益海报表现的主题。

2. 公益海报欣赏

公益海报欣赏示例如图 7-27 所示。

（a）

（b）

图7-27

（a）环保海报；（b）文明餐桌海报

7.2 项目实战

7.2.1 项目实操

【步骤 1】新建画板：尺寸为 A4，方向为竖向，颜色模式为 CMYK。

【步骤 2】绘制与画板等大的矩形，填色为【C：5%，M：31%，Y：9%，K：0%】，描边色为无，效果如图 7-28 所示。

【步骤 3】使用【钢笔工具】绘制桃心形路径，效果如图 7-29 所示。

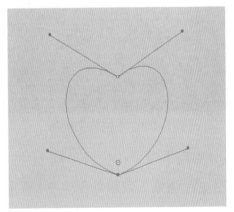

扫一扫
看操作

图7-28　绘制矩形并填色描边　　　图7-29　绘制桃心形路径

【步骤 4】选择桃心形路径，设置填色为【C：0%，M：96%，Y：57%，K：0%】，描边色为无，复制路径设置填色为无，描边色为【C：0%，M：96%，Y：57%，K：0%】，描边粗细为 3 pt，效果如图 7-30 所示。

【步骤 5】将两个桃心形路径分别拖动到【符号】面板中，弹出【符号选项】对话框，参数的设置如图 7-31 所示，【符号】面板如图 7-32 所示。

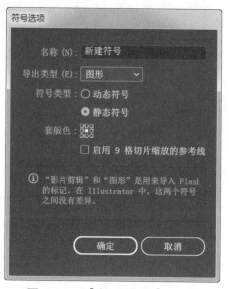

图7-30　设置并复制路径　　　　　图7-31　【符号选项】对话框

【步骤 6】双击符号工具组中的【符号喷枪工具】按钮，分别选择两个桃心形符号喷涂，效果如图 7-33 所示。

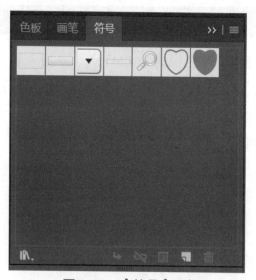

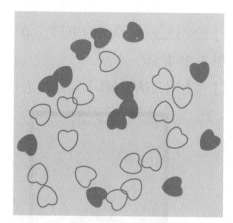

图7-32　【符号】面板　　　　　图7-33　选择两个桃心形符号喷涂

【步骤 7】分别用【符号移位器工具】【符号紧缩器工具】【符号缩放器工具】【符号旋转器工具】对符号组进行调整，效果如图 7-34 所示。

【步骤 8】将符号组适当缩放，在【透明度】面板中将【混合模式】改为【叠加】，摆放位置如图 7-35 所示。

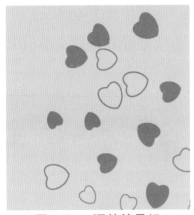

图7-34 调整符号组

图7-35 缩放并修改符号组透明度

【步骤9】复制符号组，将副本的【混合模式】改为【颜色减淡】，摆放位置如图7-36所示。

【步骤10】使用【文字工具】输入文字"关爱儿童"，创建轮廓后，为"关爱"文字设置填色【C：0%，M：96%，Y：57%，K：0%】，描边色白色，描边粗细2 pt，使描边外侧对齐；为"儿童"文字设置填色白色，描边色为【C：0%，M：96%，Y：57%，K：0%】，描边粗细2 pt，使描边外侧对齐，效果如图7-37所示。

图7-36 复制符号组并修改透明度

图7-37 输入并修改文字

【步骤11】给文字添加投影，参数的设置如图7-38所示，效果如图7-39所示。

图7-38 设置投影参数

图7-39 文字整体效果

【步骤 12】用桃心符号及【路径查找器】生成路径，效果如图 7-40 所示。

【步骤 13】绘制矩形，摆放位置如图 7-41 所示，在【路径查找器】面板中单击【减去顶层】按钮，效果如图 7-42 所示。

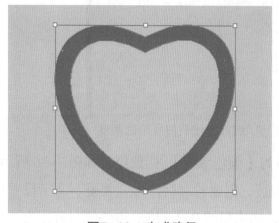

图7-40　生成路径

图7-41　绘制矩形并摆放

【步骤 14】给桃心符号设置描边色白色，描边粗细 2 pt，使描边外侧对齐，摆放位置如图 7-43 所示。

图7-42　减去顶层

图7-43　桃心符号描边设置

【步骤 15】用【文字工具】添加文字，字体为【汉仪丫丫体简】，用【椭圆工具】绘制正圆，效果如图 7-44 所示。

【步骤 16】执行菜单栏中的【文件】→【置入】命令，置入素材"资源 \ 项目 7\ 素材 \01.jpg"，效果如图 7-45 所示。

图7-44　添加文字并绘制正圆　　　　　　图7-45　置入素材

【步骤17】使用【钢笔工具】沿着人物的边缘绘制路径，效果如图7-46所示；删除素材"资源\项目7\素材\01.jpg"，效果如图7-47所示。

图7-46　沿人物边缘绘制路径　　　　　　图7-47　删除素材

【步骤18】设置人物路径填色【C：0%，M：96%，Y：57%，K：0%】，描边色白色，描边粗细 2 pt，使描边外侧对齐，添加投影参数如图 7-48 所示，在垂直轴对称人物路径，效果如图 7-49 所示。

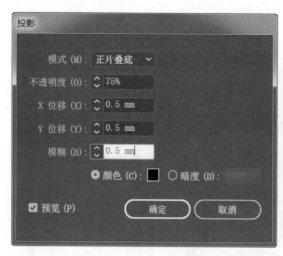

图7-48　添加投影参数

图7-49　对称人物路径

【步骤 19】绘制椭圆，填色为【C：0%，M：96%，Y：57%，K：0%】，描边色为无，效果如图 7-50 所示。

【步骤 20】绘制与画布等大的矩形，建立剪切蒙版，最终效果如图 7-51 所示。

图7-50　绘制椭圆并填色描边

图7-51　最终效果

7.2.2　项目小结

　　信息时代的公益海报在这个多元化的设计领域中，为设计师提供了无限创意的空间，同时也成为现代设计文化和观念的传播者。它在有效传达人类精神文化领域的主题下以神奇的视觉符号，在非凡的创意中注入文化理念，让设计与心灵对话，传达设计文化的视觉语义和生命力，并成为反映时代文化、先进文化的传媒代表。

7.3 拓展设计——魅力中国海报

【步骤1】新建画板：尺寸为 A4，方向为竖向，颜色模式为 CMYK。

【步骤2】绘制与画布等大的矩形，设置线性渐变填色：左渐变滑块区域为【C：25%，M：100%，Y：100%，K：0%】，右渐变滑块区域为【C：42%，M：100%，Y：100%，K：8%】，渐变参数设置如图 7-52 所示，效果如图 7-53 所示。

扫一扫
看操作

图7-52　渐变参数设置　　　　　　图7-53　渐变填色效果

【步骤3】复制矩形，打开色板库，在【基本图形 _ 纹理】面板中选择【砂子】图案，并将设置好纹理的矩形复制一份，加强效果，如图 7-54 所示。

【步骤4】使用【文字工具】输入文字"魅力中国"，字体为【方正粗谭黑简体】，填色为【黑色】，如图 7-55 所示。

图7-54　设置矩形纹理并复制　　　　　图7-55　输入文字并设置

【步骤5】将文字复制两份，其中一份填色为【白色】，摆放位置如图 7-56 所示。

【步骤6】对文字创建轮廓，取消编组，选择两个"魅"字，如图 7-57 所示；执行【对象】→【混合】→【混合选项】命令，在【混合选项】对话框中指定【间距】为【平滑颜色】，然后执行【对象】→【混合】→【建立】命令，效果如图 7-58 所示。

图7-56　复制文字并填色

图7-57　选择两个"魅"字

【步骤7】双击混合对象，进入隔离模式，将白色"魅"字的【不透明度】改为【0%】，效果如图 7-59 所示。

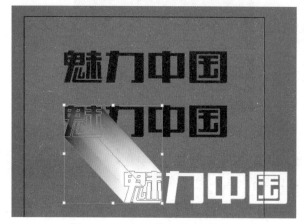

图7-58　建立【平滑颜色】混合

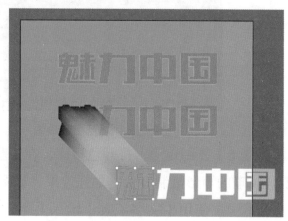

图7-59　修改白色"魅"字不透明度

【步骤8】退出隔离模式，选择混合对象，设置【透明度】面板中的参数，如图 7-60 所示，效果如图 7-61 所示。

图7-60　设置【透明度】面板参数

图7-61　设置透明度效果

【步骤9】将所有文字分别建立混合，并将黑色副本移动到混合位置，效果如图 7-62 所示。

【步骤10】复制黑色文字，设置渐变填色：左渐变滑块区域为白色，右渐变滑块区域为

【C：27%，M：13%，Y：16%，K：0%】，渐变参数的设置如图 7-63 所示，将黑色文字向上、向右移动，效果如图 7-64 所示。

图7-62　建立混合并移动黑色副本到混合位置

图7-63　设置渐变参数

【步骤 11】添加文字和路径，效果如图 7-65 所示。

图7-64　向上、向右移动黑色文字

图7-65　添加文字和路径

【步骤 12】执行菜单栏中的【文件】→【置入】命令，置入素材 "资源 \ 项目 7\ 素材 \02.jpg"，效果如图 7-66 所示。

【步骤 13】选择图片，在控制面板中执行【图像描摹】→【低保真度照片】命令，执行【对象】→【扩展】命令，效果如图 7-67 所示。

图7-66　置入素材

图7-67　低保真度照片

【步骤 14】设置图片填色为无，描边色为【C：7%，M：19%，Y：87%，K：0】，效果如图 7-68 所示。

【步骤 15】使用【直接选择工具】删除部分锚点，并调整锚点的形状，效果如图 7-69 所示。

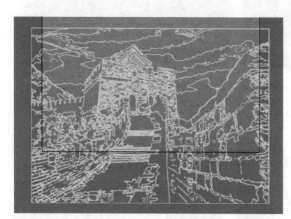

图7-68　设置图片填色和描边

图7-69　整体效果

商业海报设计

■知识准备

■项目实战

■拓展设计——夏日促销海报

商业海报是指宣传商品或商业服务的商业广告性海报。它与广告一样，具有向群众介绍某一物体、事件的特性。商业海报的设计要恰当地配合产品的格调和受众对象。图 8-1 所示是商业海报示例。

图8-1　商业海报

8.1　知识准备

8.1.1　变形效果

【效果】菜单为用户提供了许多特殊功能，使 Illustrator 处理图形更加丰富。【效果】菜单中的大部分命令不但可以应用于位图，还可以应用于矢量图形。使用变形效果可以更方便地编辑对象的各种形状，而且还不会永久改变对象的基本几何形状。变形效果是实时的，用户可以随时修改或删除效果。执行菜单栏中的【效果】→【变形】命令，可显示各种变形效果，如图 8-2 所示。

图8-2　【变形】子菜单

在【变形】子菜单中选择任一命令，都会打开相应的对话框，用户在其中可以设置各个参数，图 8-3 为【变形选项】对话框。

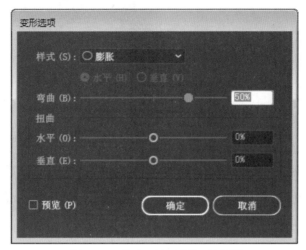

图8-3　【变形选项】对话框

8.1.2　3D效果

3D（三维）效果是 Illustrator 推出的立体效果，执行菜单栏中的【效果】→【3D】命令，可显示各种 3D 效果，如图 8-4 所示。

图8-4　执行【效果】→【3D】命令

【凸出和斜角】效果主要是增加二维图形的 Z 轴纵深来创建三维效果，也就是将二维平面图形以增加厚度的方式来制作三维效果。首先选择一个二维图形，如图 8-5 所示。

执行菜单栏中的【效果】→【3D】→【凸出和斜角】命令，打开如图 8-6 所示的【3D 凸出和斜角选项】对话框，可在其中对参数进行设置。

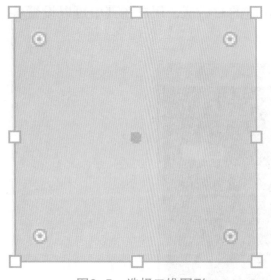

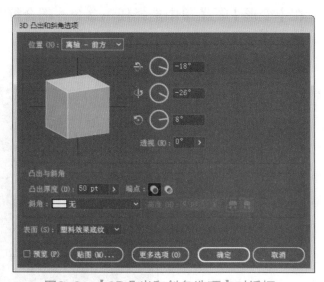

图8-5　选择二维图形　　　　　　　　　　　图8-6　【3D凸出和斜角选项】对话框

在【3D凸出和斜角选项】对话框中各参数说明如下。

（1）位置：从该下拉列表中可以选择一些预设的位置，共包括 10 种默认的设置，其显示效果如图 8-7 所示。如果不想使用默认的设置，则可以选择【自定旋转】选项，然后修改其他的参数来自定旋转。

（2）拖动控制区：将鼠标指针放置在拖动控制区的方块上，将会有不同的变化，根据鼠标指针的变化拖动，可以控制三维图形的不同视觉效果，如图 8-8 所示。当拖动图形时，右边的 X、Y、Z 3 个轴的参数将发生相应的变化。

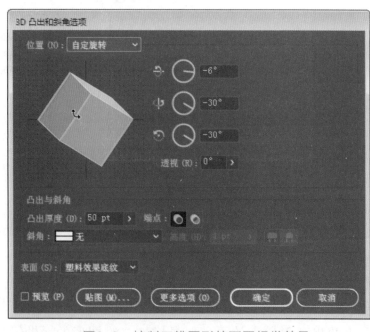

图8-7　【位置】下拉列表显示效果　　　　　图8-8　控制三维图形的不同视觉效果

（3）凸出与斜角：主要用来设置三维图形的凸出厚度、端点、斜角和高度等，从而制作出不同厚度的三维图形或带有不同斜角效果的三维图形效果。

凸出厚度：控制三维图形的厚度，取值范围为 0~2 000 pt。

端点：控制三维图形为实心还是空心效果。

斜角：可以为三维图形添加斜角效果。

（4）表面：为用户设置三维表面的效果，可以用预设，也可以根据自己的需要重新调整三维图形的显示效果。

在【表面】右侧的下拉列表中提供了4种表面预设，包括【线框】【无底纹】【扩散底纹】和【塑料效果底纹】。【线框】表示将图形以线框的形式显示；【无底纹】表示三维图形没有明暗变化，整体图形颜色灰度一致，看上去像是平面效果；【扩散底纹】表示三维图形有柔和的明暗变化，但并不强烈，可以看出三维图形效果；【塑料效果底纹】表示为三维图形增加强烈的光线明暗变化，让三维图形显示一种类似塑料的效果。

单击【3D凸出和斜角选项】对话框中的【更多选项】按钮，可以展开显示更多的参数区，如图8-9所示。

（5）光源控制区：该区域主要用来手动控制光源的位置，添加或删除光源等，如图8-10所示。使用鼠标拖动光源，可以修改光源的位置。单击【将所选光源移到对象后面】按钮，可以将所有的光源移动到对象的后面；单击【新建光源】按钮，可以创建一个新的光源；选择一个光源后，单击【删除光源】按钮，可以将选取的光源删除。

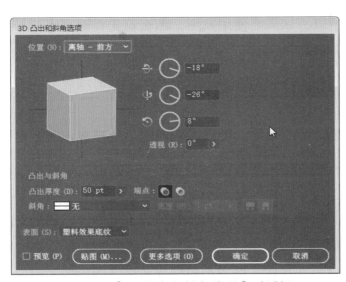

图8-9 【3D凸出和斜角选项】对话框

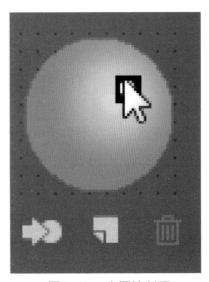

图8-10 光源控制区

（6）光源强度：控制光源的亮度。其值越大，光源的亮度也就越大。

（7）环境光：控制周围环境光线的亮度。其值越大、周围的光线越亮。

（8）高光强度：控制对象高光位置的亮度。其值越大，高光越亮。

（9）高光大小：控制对象高光点的大小。其值越大，高光点就越大。

（10）混合步骤：控制对象表面颜色的混合步数。其值越大，表面颜色越平滑。

（11）底纹颜色：控制对象背阴的颜色，一般常用黑色。

（12）保留专色和绘制隐藏表面：选中这两个复选框，可以保留专色和绘制隐藏的表面。

（13）贴图：为三维图形的面上贴上一张图片，以制作出更理想的三维图形效果。要对三维图形进行贴图，首选要选择该图形，然后打开【3D凸出和斜角选项】对话框，在该对话框中单击左下角的【贴图】按钮，将打开如图8-11所示的【贴图】对话框，利用该对话框可对三维图形进行贴图设置。

图8-11　【贴图】对话框

在【贴图】对话框中各参数的含义如下。

（1）符号：从右侧的下拉列表中选择一个符号作为三维图形当前选择面的贴图。该区域的选项与【符号】面板中的符号相对应，所以，如果要使用贴图，那么首先要确定【符号】面板中含有该符号。

（2）表面：指定当前选择面进行贴图。在其右侧的文本框中显示了当前选择的面和三维对象的总面数。

（3）贴图预览区：用来预览贴图和选择面的效果。可以像变换图形一样在该区域对贴图进行缩放和旋转等操作，以制作出更加适合选择面的贴图效果。

（4）缩放以适合：单击该按钮，可以强制贴图大小与当前选择面的大小相同。

（5）清除和全部清除：单击【清除】按钮，可以将当前面的贴图效果删除；如果要删除所有面的贴图，则可以单击【全部清除】按钮。

（6）贴图具有明暗调（较慢）：勾选该复选按钮，贴图会根据当前三维图形的明暗效果自动融合，以制作出更真实的贴图效果。

（7）三维模型不可见：勾选该复选按钮，在文档中三维模型将隐藏，只显示选择面的红色边框效果。这样可以加速计算机的显示速度，但会影响整个图形的效果。

8.1.3　绕转效果

绕转效果可以根据选择图形的轮廓，沿指定的轴向进行旋转，从而产生三维图形。绕转的对象可以是开放的路径，也可以是封闭的图形。要应用绕转效果，首先选择一个二维图形，然后执行菜单栏中的【效果】→【3D】→【绕转】命令，打开如图8-12所示的对话框，在该对话框中可以对绕转的三维图形进行详细的设置。

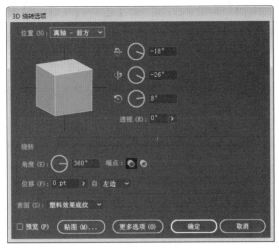

图8-12 【3D绕转选项】对话框

【3D绕转选项】对话框中的【位置】和【表面】等参数在【3D凸出和斜角选项】对话框中已经详细介绍过，这里只讲解前面没讲的部分，各参数说明如下。

（1）角度：设置绕转对象的角度，取值范围为0°~360°。可以通过拖动右侧的指针来修改角度，也可以直接在文本框中输入需要的绕转角度值。当输入值为360°时，完成三维图形绕转；当输入的值小于360°时，将不同程度地显示出未完成的三维效果。

（2）端点：控制三维图形为实心还是空心效果。

（3）位移：设置离绕转轴的距离，值越大，离绕转轴也就越远。

（4）自：设置绕转轴的位置。可以选择【左边】或【右边】，将分别以二维图形的左边或右边为轴向进行绕转。

8.1.4 商业海报的相关知识及欣赏

1. 商业海报设计的构图

设计商业海报时，首先要确定主题，再进行构图。海报的设计不仅要注意文字和图片的灵活运用，更要注重色彩的搭配。海报的构图不仅要吸引人，而且还要传达更多的信息，从而促进消费，达到宣传的目的。

2. 商业海报设计的要求

（1）明确主题。整幅海报应力求有鲜明的主题、新颖的构思和生动的表现等创作原则，才能以快速、有效和美观的方式达到传送信息的目标。任何广告对象都有多种特点，只要抓住其中一点，就可以形成一种感召力，达到广告的目的。在设计海报时，要对广告对象的特点加以分析，仔细研究，选择出最具有代表性的特点。

（2）视觉吸引力。首先要根据对象和广告目的采取正确的视觉形式；其次要正确运用对比的手法；再次要善于运用创新方式表现出海报的新鲜感；最后海报的形式与内容应该具有一致性。

（3）科学性和艺术性。随着科学技术的进步，海报的表现手段越来越丰富，使海报设计越来越具有科学性。但是，海报的对象是人，是通过艺术手段按照美的规律去进行创作的，所以它又不是一门纯粹的科学。设计在广告策划的指导下，用视觉语言传达各类信息。

（4）灵巧的构思。设计要有灵巧的构思，使作品能够传神达意，这样的作品才具有生命力。通过必要的艺术构思，运用夸张和幽默的手法揭示产品未发现的优点，从而拉近与消费者的距离。

（5）用语精练。海报的用词造句应力求精练，在语气上应感情化，使文字在广告中真正起到画龙点睛的作用。

（6）构图赏心悦目。海报的外观构图应该让人赏心悦目，给人以美好的第一印象。

（7）内容的体现。设计海报除了纸张大小之外，通常还需要掌握文字、画图、色彩及编排等设计原则。标题文字和海报主题有直接的关系，因此除了使用醒目的字体，还要配合文字的可读性。

3. 商业海报的常用规格

在生活中经常看到风格迥异的海报，不同类型的海报对尺寸要求也会有所不同，常见的标准海报尺寸如图 8-13 所示。

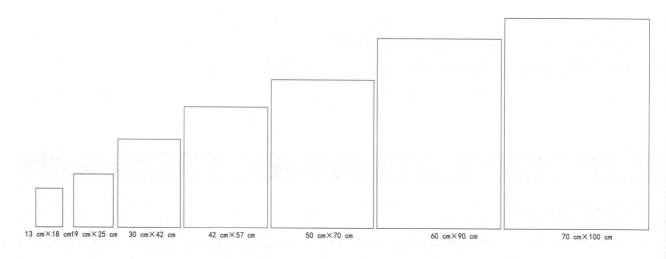

| 13 cm×18 cm | 19 cm×25 cm | 30 cm×42 cm | 42 cm×57 cm | 50 cm×70 cm | 60 cm×90 cm | 70 cm×100 cm |

图8-13　常见的标准海报尺寸

4. 商业海报设计的准则

通常人们看海报的时间短暂，所以海报的设计一定要能够吸引人们的眼球。一般来说，海报的设计有如下 4 条准则。

（1）立意要好。

（2）色彩鲜明。采用能吸引人们注意的色彩。

（3）构思新颖。要用新的方式和角度去理解问题，创造新的视野、新的概念。

（4）构思简练。要用最简单的方式说明问题，引起人们的注意。海报要重点传达商品的信息，运用色彩的心理效应，强化印象的用色技巧。

5. 海报欣赏

海报欣赏示例如图 8-14 所示。

（a）　　　　　　　　　　（b）

图8-14　海报欣赏示例

（a）元旦促销海报；（b）五一促销海报

8.2　项目实战

8.2.1　项目实操

【步骤1】新建画板：尺寸为 A4，方向为竖向，颜色模式为 CMYK。

【步骤2】绘制与画板等大的矩形，设置径向渐变填色:左渐变滑块区域为【C：2%，M：4%，Y：20%，K：0%】，右渐变滑块区域为【C：6%，M：11%，Y：45%，K：0】，渐变参数的设置如图 8-15 所示，效果如图 8-16 所示。

扫一扫
看操作

图8-15　渐变参数的设置　　　图8-16　渐变参数设置效果

【步骤3】使用【文字工具】输入文字"超级棒棒糖"，字体为【青鸟华光简胖头鱼】，创建轮廓、取消编组，调整摆放位置，效果如图 8-17 所示。

图8-17 输入文字并设置

【步骤4】选择文字，然后执行菜单栏中的【效果】→【变形】→【膨胀】命令，将打开【变形选项】对话框，在对话框中可对其参数进行设置，如图 8-18 所示，效果如图 8-19 所示。

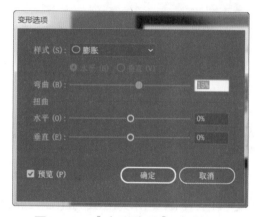

图8-18 【变形选项】对话框

图8-19 文字参数设置效果

【步骤5】选择文字，扩展外观，设置线性渐变填色：左渐变滑块区域为【C：4%，M：48%，Y：13%，K：0%】，中渐变滑块区域为【C：10%，M：87%，Y：43%，K：0%】，右渐变滑块区域为【C：11%，M：89%，Y：43%，K：0%】，渐变参数的设置如图 8-20 所示，效果如图 8-21 所示。

图8-20 渐变参数的设置

图8-21 渐变参数设置效果

【步骤6】选择文字，然后执行菜单栏中的【对象】→【路径】→【偏移路径】命令，将打开

【偏移路径】对话框，在对话框中可对其参数进行设置，如图 8-22 所示，为偏移路径设置填色【C：69%，M：18%，Y：5%，K：0%】，效果如图 8-23 所示。

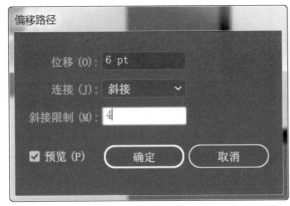

图8-22 【偏移路径】对话框

图8-23 偏移路径填色效果

【步骤 7】选择蓝色路径，执行菜单栏中的【效果】→【3D】→【凸出和斜角】命令，将打开【3D 凸出和斜角选项】对话框，在对话框中可对其参数进行设置，如图 8-24 所示，效果如图 8-25 所示。

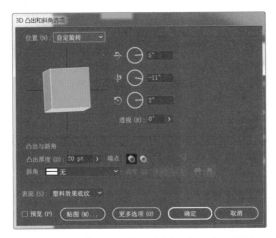

图8-24 【3D凸出和斜角选项】对话框

图8-25 设置蓝色路径效果

【步骤 8】选择粉色文字，添加投影，参数的设置如图 8-26 所示，效果如图 8-27 所示。

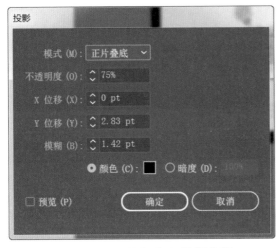

图8-26 设置粉色文字投影参数

图8-27 粉色文字投影效果

【步骤 9】添加文字"CANDY",字体为【青鸟华光简胖头鱼】,填色为【C: 69%,M: 18%,Y: 5%,K: 0%】,效果如图 8-28 所示。

图8-28　添加文字并填色

【步骤 10】选择文字,然后执行菜单栏中的【效果】→【变形】→【膨胀】命令,在打开的【变形选项】对话框中设置其参数,如图 8-29 所示,效果如图 8-30 所示。

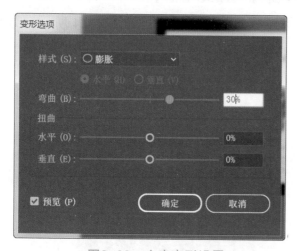

图8-29　文字变形设置

图8-30　文字变形设置效果

【步骤 11】给文字添加投影,参数的设置如图 8-31 所示,效果如图 8-32 所示。

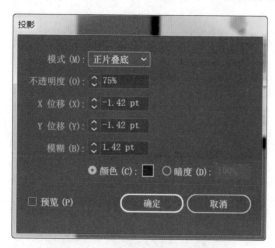

图8-31　设置文字投影参数

图8-32　文字投影效果

【步骤 12】添加文字和直线,效果如图 8-33 所示。

图8-33 添加文字和直线效果

【步骤13】使用【椭圆工具】绘制正圆，效果如图 8-34 所示；使用【剪刀工具】将正圆剪开，删除左半边路径，效果如图 8-35 所示；使用【钢笔工具】将右半边路径连接完整，效果如图 8-36 所示。

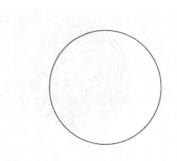

图8-34 绘制正圆

图8-35 删除左半边路径

【步骤14】使用【圆角矩形工具】绘制圆角矩形，摆放位置如图 8-37 所示。选择两个路径，在【路经查找器】面板中单击【联合】按钮，效果如图 8-38 所示。

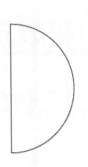

图8-36 完整连接右半边路径

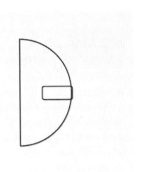

图8-37 圆角矩形摆放位置

【步骤15】选择路径，设置填色为【C：30%，M：89%，Y：11%，K：0%】，描边色为无，效果如图 8-39 所示。

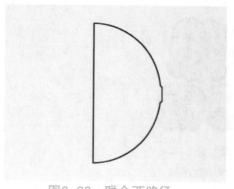

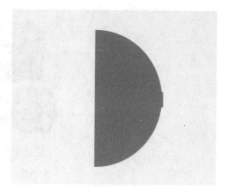

图8-38　联合两路径　　　　　　　　图8-39　设置路径填色和描边色

【步骤 16】执行菜单栏中的【效果】→【3D】→【绕转】命令，在打开的【3D 绕转选项】对话框中进行参数设置，如图 8-40 所示，效果如图 8-41 所示。

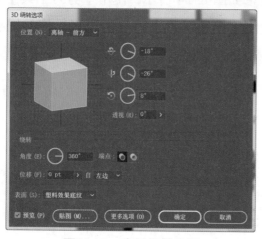

图8-40　路径绕转设置　　　　　　　图8-41　路径绕转设置效果

【步骤 17】绘制矩形，填色为【C: 28%，M: 22%，Y: 21%，K: 0%】，描边色为无，效果如图 8-42 所示，绕转效果如图 8-43 所示。

图8-42　矩形填色，描边效果　　　　图8-43　矩形绕转效果

【步骤 18】棒棒糖摆放位置如图 8-44 所示，用同样的方法绘制其他棒棒糖，摆放位置如图 8-45 所示。

图8-44 棒棒糖摆放位置

图8-45 其他棒棒糖摆放位置

【步骤 19】打开符号库,在【照亮丝带】面板中选择【丝带 10】符号,如图 8-46 所示。将丝带放在棒棒糖上,效果如图 8-47 所示。

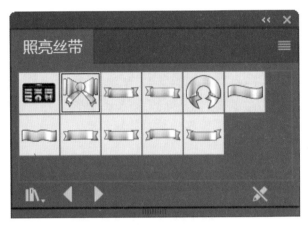

图8-46 选择【丝带10】符号

图8-47 将丝带放在棒棒上的效果

【步骤 20】打开符号库,在【庆祝】面板中选择【王冠】【糖果】符号,如图 8-48 所示。符号放置位置如图 8-49 所示。

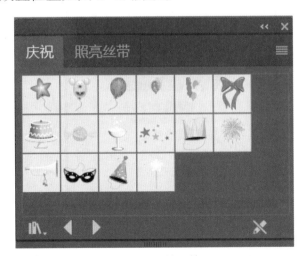

图8-48 【庆祝】面板

图8-49 符号放置位置

【步骤 21】使用【椭圆工具】绘制正圆,填色为【C:69%,M:18%,Y:5%,K:0%】,将正圆移动位置并复制,效果如图 8-50 所示。

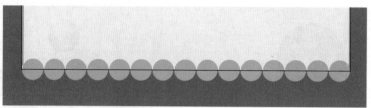

图8-50　移动正圆并复制

【步骤 22】为正圆添加投影，参数的设置如图 8-51 所示，效果如图 8-52 所示。

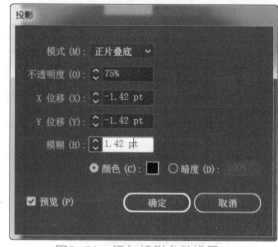

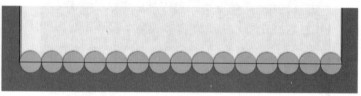

图8-51　添加投影参数设置

图8-52　添加投影效果

【步骤 23】复制正圆，摆放位置如图 8-53 所示。

【步骤 24】绘制与画板等大的矩形，选中所有对象，建立剪切蒙版，整体效果如图 8-54 所示。

图8-53　正圆摆放位置

图8-54　整体效果

8.2.2　项目小结

商业海报的构图技巧，除了需要掌握色彩运用的对比技巧以外，还需考虑几种对比关系，如构图技巧的粗细对比、构图技巧的远近对比、构图技巧的疏密对比、构图技巧的静动对比、构图技巧的中西对比、构图技巧的古今对比等。

8.3 拓展设计——夏日促销海报

【步骤1】新建画板：尺寸为A4，方向为竖向，颜色模式为CMYK。

【步骤2】绘制与画布等大的矩形，填色为【C：70%，M：27%，Y：40%，K：0%】，描边色为无，效果如图8-55所示。

【步骤3】使用【矩形工具】绘制矩形，移动矩形位置并复制，效果如图8-56所示。

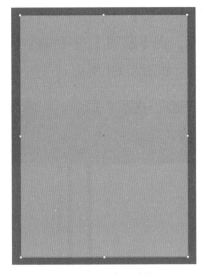

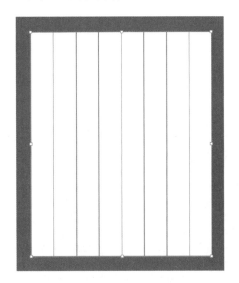

扫一扫
看操作

图8-55　绘制矩形并填色、描边　　　　图8-56　移动并复制矩形

【步骤4】为矩形设置填色，颜色值如图8-57所示，效果如图8-58所示。

C：81%，M：64%，Y：52%，K：8%
C：28%，M：0%，Y：4%，K：0%
C：70%，M：27%，Y：40%，K：0%

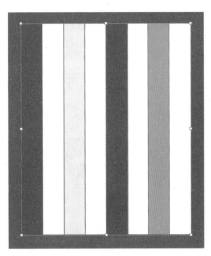

图8-57　矩形颜色值的设置　　　　　　图8-58　矩形填色效果

【步骤5】将矩形编组，拖动到【符号】面板中定义为符号，效果如图8-59所示。

【步骤6】使用【文字工具】输入字母"SUMMER"，字体为【Impact】，对字母创建轮廓，取消编组，效果如图8-60所示。

图8-59　拖动矩形到【符号】面板　　　　　　　　　　图8-60　输入字母并设置

【步骤7】选择"S"字母，然后执行菜单栏中的【效果】→【3D】→【凸出和斜角】命令，在弹出如图8-61所示的对话框中单击【贴图】按钮。在【贴图】对话框的【符号】下拉列表中选择"新建符号1"并适当调整符号的大小和位置，如图8-62所示。

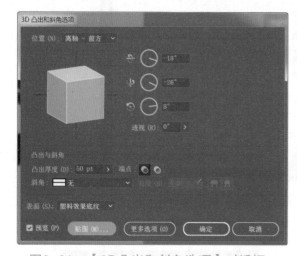

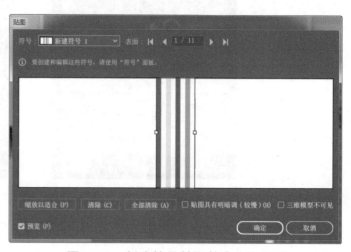

图8-61　【3D凸出和斜角选项】对话框　　　　　　图8-62　新建符号并调整大小和位置

【步骤8】完成字母"S"11个表面的贴图，效果如图8-63所示。

【步骤9】选择"S"字母，扩展外观，取消编组两次；选择"S"路径，设置描边色为白色，描边粗细为2 pt，描边对齐方式为外对齐，效果如图8-64所示。

图8-63　字母"S"表面贴图效果　　　　　　　图8-64　设置"S"路径

【步骤10】选择"S"字母，添加投影，参数的设置如图8-65所示，效果如图8-66所示。

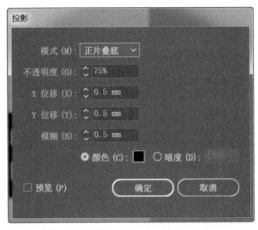

图8-65　设置"S"字母投影参数　　　　　图8-66　"S"字母投影效果

【步骤 11】使用【钢笔工具】绘制路径，效果如图 8-67 所示。路径与字母的摆放位置如图 8-68 所示。

图8-67　绘制路径　　　　　图8-68　路径与字母的摆放位置

【步骤 12】用同样的方法绘制其他对象，效果如图 8-69 所示。

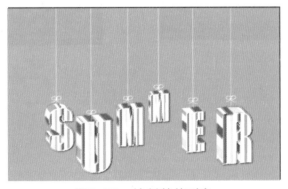

图8-69　绘制其他对象

【步骤 13】添加文字和路径，效果如图 8-70 所示。

【步骤 14】使用【钢笔工具】绘制路径，效果如图 8-71 所示，将路径定义成符号。

图8-70　添加文字和路径　　　　　　　　　图8-71　绘制路径

【步骤 15】使用符号喷枪系列工具，喷涂符号并调整，效果如图 8-72 所示。

【步骤 16】绘制与画布等大的矩形，选择所有对象，建立剪切蒙版，整体效果如图 8-73 所示。

图8-72　喷涂并调整符号　　　　　　　　　图8-73　整体效果

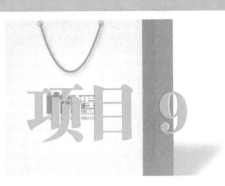

项目 9

包装设计

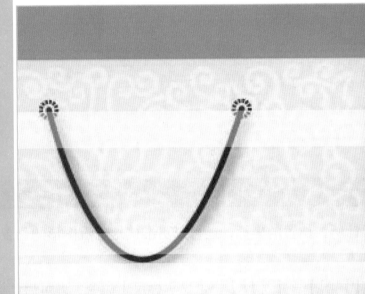

■知识准备

■项目实战

■拓展设计——手提袋

包装的主要作用：一是保护产品；二是美化和宣传产品。包装设计的基本任务是科学、经济地完成产品包装的造型、结构和装潢设计。图 9-1 所示是包装设计示例。

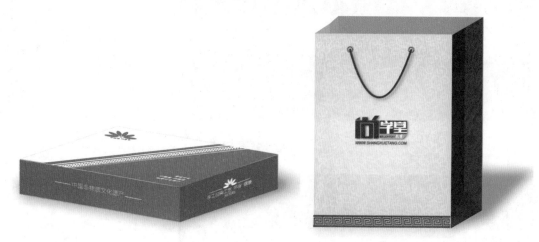

图9-1　包装设计示例

9.1　知识准备

9.1.1　标尺用法

标尺不但可用来显示当前鼠标指针所在位置的坐标，还可以更准确地查看图形的位置，以便精确地移动或对齐图形对象。

（1）显示标尺：执行菜单栏中的【视图】→【标尺】→【显示标尺】命令，即可启动标尺，此时【显示标尺】命令将变成【隐藏标尺】命令。标尺有两个：一个在文档窗口的顶部，称为水平标尺；另一个在文档窗口的左侧，称为垂直标尺，如图 9-2 所示。

图9-2　标尺位置

（2）调整标尺的原点：Illustrator 提供的两个标尺相当于一个平面直角坐标系，水平标尺相当于该坐标系的 X 轴，垂直标尺相当于该坐标系的 Y 轴，虽然标尺上没有说明有负坐标值，但实际有正、负之分，水平标尺零点往右为正、往左为负；垂直标尺零点往上为正、往下为负。

使用鼠标时在标尺上会出现一个虚线，称为指示线，表示这时鼠标指针所指的当前位置。

在水平标尺和垂直标尺的交界处，即文档窗口的左上角处与文档形成一个框，称为原点框。如果要修改标尺原点的位置，则可以将鼠标指针移动到原点框内，按住鼠标左键拖动将出现一个交叉的十字线，在适当的位置释放鼠标，即可修改标尺原点的位置。

（3）调整标尺单位：如果想快速修改水平和垂直标尺的单位，则可在水平或垂直标尺上右击，从弹出的快捷菜单中选择需要的单位即可，如图9-3所示。

图9-3　调整标尺单位的快捷菜单

9.1.2　参考线

Illustrator 提供了很多参考处理图形的工具，包括标尺、参考线和网格。它们都用于精确定位图形对象，这些工具命令大多在【视图】菜单中。这些工具对图形不做任何修改，但是在处理图形时可以用来参考，熟练应用可以提高处理图形的工作效率。在实际应用中，有时一个参考工具不够灵活，可以同时应用多个参考工具来完成图形的创建。

（1）建立标尺参考线：参考线是精确绘图时用来作为参考的线，它只是显示在文档画面中方便对齐图像，并不参与打印。可以移动或删除参考线，也可以锁定参考线。参考线的优点在于可以任意设定其位置。

创建参考线可以直接从标尺中拖动来创建，也可以将现有的路径，如矩形、椭圆等圆形制作成参考线。利用这些路径创建的参考线有助于在一个或多个图形周围设计和创建其他图形对象。

将鼠标指针移动到水平标尺位置，按住鼠标左键向下拖动即可拉出一条线，当拖动到达目标位置后释放鼠标，即可创建一条水平参考线；将鼠标指针移动到垂直标尺位置，按住鼠标左键向右拖动即可拉出一条线，当拖动到达目标位置后释放鼠标，即可创建一条垂直参考线。创建出的水平和垂直参考线如图9-4所示。

图9-4　创建水平、垂直参考线

（2）移动参考线位置：创建完参考线后，如果对现有的参考线位置不满意，则可以利用【选择工具】来移动参考线位置。将鼠标指针放在参考线上，鼠标指针的右下角将出现一个方块，按住鼠标左键拖动到合适的位置，释放鼠标即可，效果如图 9-5 所示。

图9-5　移动参考线位置

（3）显示和隐藏参考线：将参考线隐藏后，如果想再次应用参考线，则可以将隐藏的参考线再次显示出来。执行菜单栏中的【视图】→【参考线】→【显示参考线】命令，即可显示隐藏参考线。

当创建完参考线后，如果暂时用不到，但又不想将其删除，为了不影响操作，可以将参考线隐藏。

（4）锁定与解锁参考线：为了避免在操作中误移动或删除参考线，可以将参考线锁定，锁定的参考线将不能进行二次编辑操作，具体的操作方法如下。

①锁定或解锁参考线：执行菜单栏中的【视图】→【参考线】→【锁定参考线】命令，如果该命令的左侧出现对号，则表示锁定了参考线；再次应用该命令，取消该命令左侧的对号显示，将解锁参考线。

②锁定或解锁某层上的参考线：在【图层】面板中双击该图层的名称，在打开的【图层选项】对话框中勾选【锁定】复选按钮，如图 9-6 所示，即可解锁该图层上的参考线，但是它也将该图层上的其他所有对象锁定了。也可以在【图层】面板中单击该图层名称左侧的空白框，当出现锁形标志时，即可将其锁定，如图 9-7 所示。

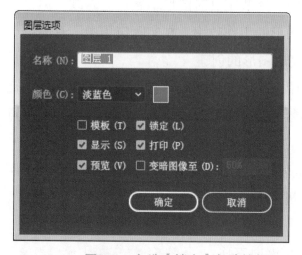

图9-6　勾选【锁定】复选按钮

图9-7　在【图层】面板中锁定参考线

（5）删除参考线：当创建了多个参考线后，如果想清除其中的某条或多条参考线，则可以使用以下方法进行操作。

①清除指定参考线：选择要清除的参考线后，按 \<Delete\> 键，即可将指定的参考线删除。

②清除所有参考线：执行菜单栏中的【视图】→【参考线】→【清除参考线】命令，即可

将所有的参考线清除。

9.1.3 网格

（1）显示网格：执行菜单栏中的【视图】→【显示网格】命令，即可启用网格。此时【显示网格】命令将变成【隐藏网格】命令。网格以灰色的网格状显示，网格的显示效果如图 9-8 所示。

图9-8 网格的显示效果

（2）隐藏网格：执行菜单栏中的【视图】→【隐藏网格】命令，即可隐藏网格。此时【隐藏网格】命令将变成【显示网格】命令。

（3）对齐网格：执行菜单栏中的【视图】→【对齐网格】命令，即可启用网格的吸附功能。在该命令的左侧将出现一个对号标志，取消该对号标志即取消了相应的网格对齐，如图 9-9 所示。在绘制图形和移动图形时，图形将自动沿网格吸附，以方便图形的对齐操作。

图9-9 取消网格对齐

9.1.4　圆角矩形

【圆角矩形工具】的使用方法与【矩形工具】的使用方法相同，直接拖动鼠标可绘制具有一定圆角度的矩形或正方形，如图 9-10 所示。

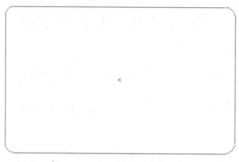

图9-10　绘制圆角矩形

也可以绘制精准的圆角矩形。首先在工具箱中单击【圆角矩形工具】按钮■，然后将鼠标指针移动到绘图区合适的位置单击，即可弹出如图 9-11 所示的对话框。在【宽度】文本框中输入数值，指定圆角矩形的宽度；在【高度】文本框中输入数值，指定圆角矩形的高度；在【圆角半径】文本框中输入数值，指定圆角矩形的圆角半径大小。最后单击【确定】按钮，即可创建一个圆角矩形，效果如图 9-12 所示。

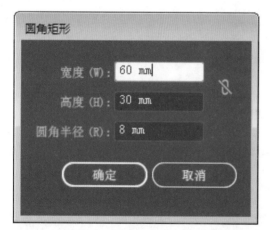

图9-11　【圆角矩形】对话框

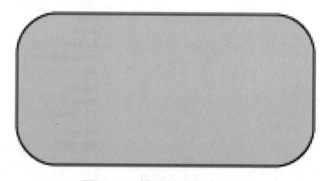

图9-12　精确绘制圆角矩形

9.1.5　【透明度】面板

在 Illustrator 中，可以通过【透明度】面板来调整图形的透明度。可以将一个对象的填色、描边或对象群组从 100% 的不透明度变更为 0% 的完全透明。当降低对象的透明度时，其下方的图形会透过该对象显示出来。

首先选择一个图形对象，然后执行菜单栏中的【窗口】→【透明度】命令，打开【透明度】面板，如图 9-13 所示。在【不透明度】文本框中输入新的数值，即可设置图形的透明程度，如图 9-14 所示。

图9-13 【透明度】面板　　　　　　　图9-14 设置图形的透明度

9.1.6 【描边】面板

除了使用【颜色】面板对描边进行填色外，还可以使用【描边】面板设置描边的其他属性，如描边的粗细、端点、边角、对齐描边、虚线、箭头、缩放、对齐和配置文件等。执行菜单栏中的【窗口】→【描边】命令，即可打开如图9-15所示的面板。

图9-15 【描边】面板

在【描边】面板中各参数含义说明如下。

（1）粗细：设置描边线条的宽度。可以从右侧的下拉列表中选择一个数值，也可以直接输入数值来确定描边线条的宽度。不同粗细值显示图形不同的描边效果，图9-16为1像素的描边，图9-17为2像素的描边。

图9-16 1像素的描边　　　　　　　图9-17 2像素的描边

（2）端点：设置描边路径的端点形状，包括【平头端点】【圆头端点】和【方头端点】3 个选项。要设置描边路径的端点形状，首先选择要设置端点的路径，然后单击需要的端点按钮即可。不同端点的路径显示效果如图 9-18 所示。

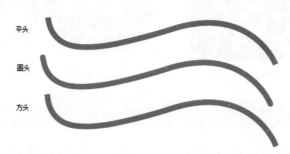

图9-18 不同端点的路径显示效果

（3）边角：设置路径转角的连接效果，可以通过数值来控制，也可以直接单击右侧的【斜接连接】【圆角连接】和【斜角连接】按钮来修改。要设置图形转角的连接效果，首先选择要设置转角的路径，然后单击需要的连接按钮即可，不同的转角连接效果如图 9-19 所示。

图9-19 不同的转角连接效果

（4）对齐描边：设置填色与路径之间的相对位置，包括【使描边居中对齐】【使描边内侧对齐】和【使描边外侧对齐】3 个选项。选择要设置对齐描边的路径，然后单击需要的对齐按钮即可。不同的对齐描边效果如图 9-20 所示。

图9-20 不同的对齐描边效果

（5）虚线：勾选该复选按钮，可以将实线路径显示为虚线效果，并可以通过下方的文本框输入虚线的长度和间隔长度，利用这些可以设置出不同的虚线效果。应用虚线前后的效果如图 9-21 所示。

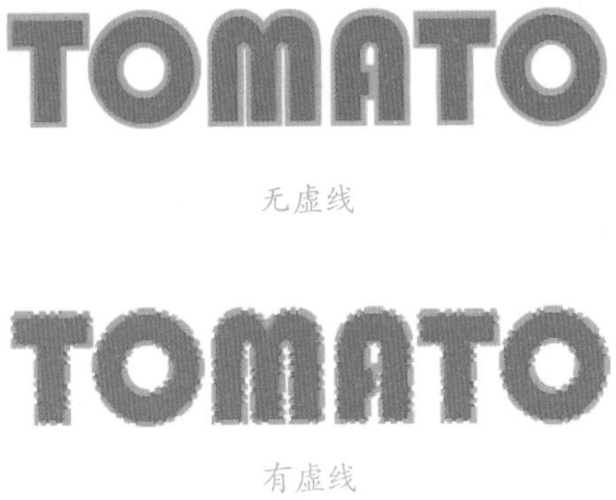

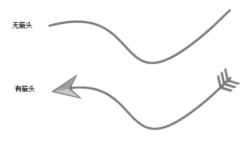

无虚线

有虚线

图9-21 应用虚线前后的效果

（6）箭头：在右侧的下拉列表中可以设置路径起点的箭头和终点的箭头，单击【互换】按钮可以互换箭头。应用箭头前后的效果如图9-22所示。

无箭头

有箭头

图9-22 应用箭头前后的效果

（7）缩放：单击上面的微调按钮可以设置箭头起始处和结束处的缩放因子。设置缩放100%和200%的对比效果如图9-23所示。

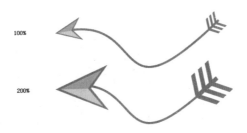

100%

200%

图9-23 设置缩放100%和200%的对比效果

（8）对齐：单击 按钮将箭头提示扩展到路径终点外，单击 按钮将箭头提示放置到路径终点处，应用对齐前后的效果如图9-24所示。

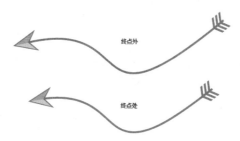

终点外

终点处

图9-24 应用对齐前后的效果

（9）配置文件：在图 9-15 最下方下拉列表中单击，就可以看到不同名称的配置文件，我们可以使用【配置文件】来修改画布中对象的样式。

9.1.7　包装的相关知识及欣赏

1. 纸盒包装的印刷要求

制版印刷直接影响包装设计效果。一个看起来不错的设计，制版印刷后的效果可能并不理想，所以在包装设计中，确定图案的布局、色彩的选择及文字的安排时，除了要考虑商品的性质和美学、艺术效果外，还需要考虑制版印刷后的实际效果。

小型的纸箱、纸盒产品，常常有各种结构版面并存的情况。

如果利用胶印、凸印（或凹印等工艺）等不同的印刷方式，多工艺结合进行印刷纸盒、纸箱等包装产品，则可以提高产品的内在质量。胶印工艺印刷再现效果好，色调柔和，网点清晰，印刷层次丰富，印刷大面积版面不易出现粘脏产品的不良现象；而凸印、凹印工艺具有墨层厚实饱满、色彩鲜艳、光泽度高等优点。所以利用不同的印刷工艺的优点来印刷那些网纹、文字、线条和实地图案兼有的产品和各种颜色的版面。

最重要的环节，就是根据产品的特点，控制好操作技术和工艺技术，以适度的印刷压力、采用合适的油墨涂布量进行印刷。以油墨、印刷和纸板的特性为依据，采用合适的速度进行印刷，才能使印刷质量和生产效率都得到较好的提高。

2. 包装设计欣赏

包装设计欣赏示例如图 9-25 所示。

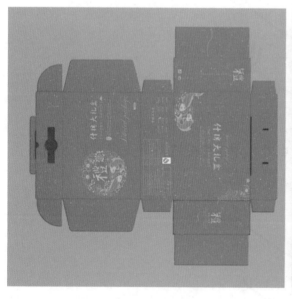
（a）

（b）

图9-25　包装设计欣赏示例

（a）礼品包装盒；（b）工业包装盒

9.2　项目实战

9.2.1　项目实操

【步骤1】新建画板：宽度为266 mm，高度为210 mm，方向为横向，颜色模式为CMYK。

【步骤2】执行菜单栏中的【视图】→【标尺】→【显示标尺】命令，从标尺中拖出参考线，确定包装盒各部分的大小，效果如图9-26所示。

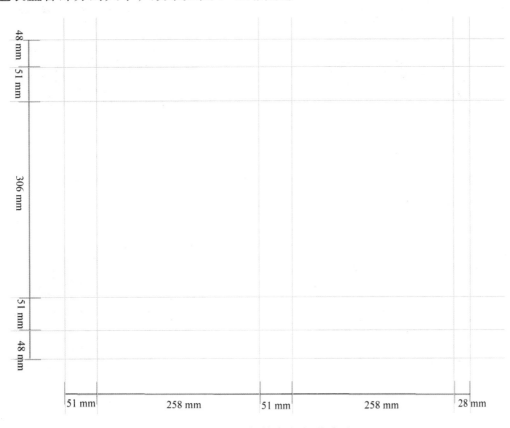

图9-26　显示包装盒各部分大小

【步骤3】绘制矩形，填色为【C：99%，M：86%，Y：26%，K：0%】，描边"无"，效果如图9-27所示。

【步骤4】选择矩形，复制一份贴在前面，保持选中状态，执行菜单栏中的【窗口】→【色板】命令，打开【色板】面板，单击【色板】面板菜单按钮，执行菜单栏中的【打开色板库】→【图案】→【基本图形】→【基本图形_纹理】命令。在【基本图形_纹理】面板中选择"圆形"图案，并在【透明度】面板中将【混合模式】设置为【滤色】，【不透明度】设置为【30%】效果如图9-28所示。

图9-27　绘制矩形并填色、描边

图9-28　选择纹理图案并设置混合模式和透明度

【步骤 5】使用【钢笔工具】绘制路径，填色为白色，描边为无，效果如图 9-29 所示。按照【步骤 4】的方法为路径设置纹理，效果如图 9-30 所示。

图9-29　绘制路径并填色、描边

图9-30　设置路径纹理

【步骤 6】使用【钢笔工具】绘制路径，填色为白色，描边为无，效果如图 9-31 所示。

【步骤 7】使用【直线工具】绘制直线，填色为无，描边为【C：99%，M：86%，Y：26%，K：0%】，描边粗细为 1 pt，摆放位置如图 9-32 所示。

图9-31 绘制路径并填充、描边　　　　　　图9-32 绘制直径并填色、描边

【步骤 8】执行菜单栏中的【窗口】→【描边】命令，设置【描边】面板中的参数，如图 9-33 所示。使用【直线工具】绘制虚线，填色为无，描边为【C：99%，M：86%，Y：26%，K：0%】，描边粗细为 1 pt，摆放位置如图 9-34 所示。

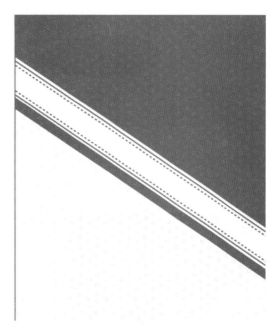

图9-33 设置描边参数　　　　　　　　　　图9-34 绘制虚线并填色、描边

【步骤 9】使用【椭圆工具】绘制椭圆，填色为【C：99%，M：86%，Y：26%，K：0%】，描边色为无。使用【锚点工具】在椭圆最下方的锚点上单击，效果如图 9-35 所示。

【步骤 10】使用【旋转工具】旋转路径，生成花瓣形状对象，效果如图 9-36 所示。

图9-35 单击椭圆最下方锚点　　　　　　　图9-36 生成花瓣形状对象

【步骤11】绘制椭圆并放置在花瓣形状对象下方，添加文字"中国蓝 江南色"，字体为【华文隶书】，填色为【C：99%，M：86%，Y：26%，K：0%】，生成徽标对象，效果如图9-37所示。

图9-37 生成徽标对象

【步骤12】徽标摆放位置如图 9-38 所示。

【步骤13】复制花瓣形状对象，排成一列，摆放位置如图 9-39 所示。

图9-38 徽标摆放位置　　　　　　　　图9-39 花瓣形状复制对象摆放位置

【步骤 14】添加文字，字体为【宋体】，填色为白色，效果如图 9-40 所示。

【步骤 15】绘制包装盒的其他部分，并添加文字，字体为【幼圆】，填色为白色，效果如图 9-41 所示。

图9-40　添加文字

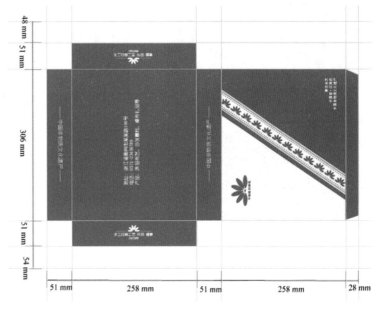

图9-41　绘制装盒其他部分

【步骤 16】使用【钢笔工具】绘制路径，填色为【C：0%，M：3%，Y：9%，K：0%】，描边色为无，效果如图 9-42 所示。

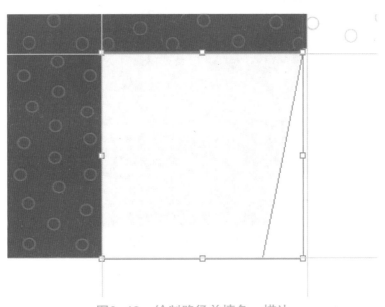

图9-42　绘制路径并填色、描边

【步骤 17】使用【直线工具】绘制虚线，【描边】面板中的参数设置如图 9-43 所示，填色为无，描边色为黑色，描边粗细为 0.5pt，效果如图 9-44 所示。

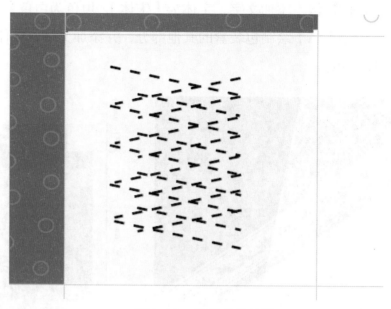

图9-43　设置虚线的描边参数　　　　　　　　　图9-44　绘制虚线效果

【步骤18】用同样的方法绘制其他的粘口部分，效果如图 9-45 所示。

图9-45　绘制其他粘口部分

【步骤19】在工具箱中单击【圆角矩形工具】按钮▣，在画板合适的位置上单击，弹出【圆角矩形】对话框，设置参数如图 9-46 所示。绘制圆角矩形，填色为【C：0%，M：3%，Y：9%，K：0%】，描边色为无，效果如图 9-47 所示。

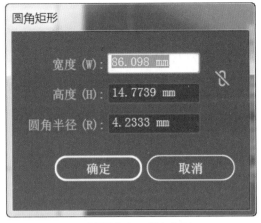

图9-46设置圆角矩形的参数　　　　　图9-47　绘制圆角矩形并填色、描边

【步骤20】使用【直接选择工具】选择圆角矩形左上角，如图9-48所示。使用【直接选择工具】拖动圆角控制点，将圆角转换成直角，效果如图9-49所示。用同样的方法调整右上角，效果如图9-50所示。

图9-48　选择圆角矩形　　　图9-49　将圆角矩形转　　　图9-50　调整圆角矩形
　　　　　左上角　　　　　　　　　　换成直角　　　　　　　　　　　右上角

【步骤21】最终效果如图9-51所示。成品效果如图9-52所示。

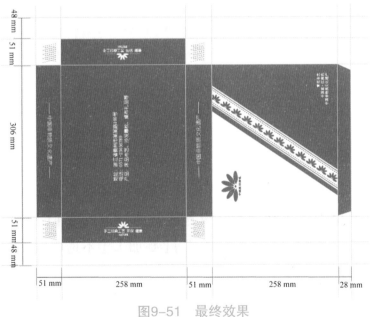

图9-51　最终效果　　　　　　　　图9-52　成品效果

9.2.2　项目小结

包装设计是将美术与自然科学相结合，运用到产品的包装保护和美化方面。它不是广义的"美术"，也不是单纯的装潢，而是含科学、艺术、材料、经济、心理、市场等综合要素的多功能的体现。

9.3　拓展设计——手提袋

【步骤 1】新建画板：尺寸为 A4，方向为横向，颜色模式为 CMYK。

【步骤 2】执行菜单栏中的【视图】→【标尺】→【显示标尺】，从标尺中拖出参考线，确定手提袋各部分的大小，效果如图 9-53 所示。

扫一扫
看操作

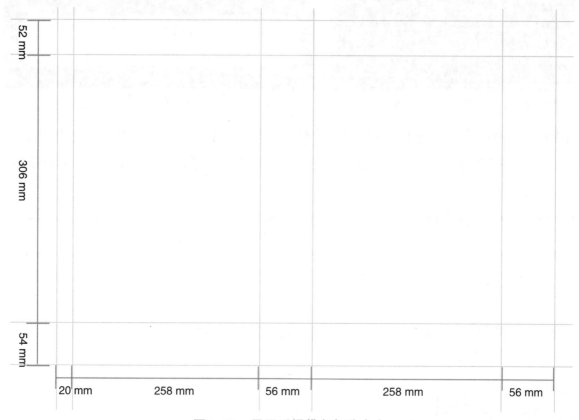

图9-53　显示手提袋各部分大小

【步骤 3】使用【矩形工具】绘制矩形，设置径向渐变填色:左渐变滑块区域为【C：3%，M：8%，Y：32%，K：0%】，右渐变滑块区域为【C：8%，M：18%，Y：64%，K：0%】，描边色为无，效果如图 9-54 所示。

【步骤 4】执行菜单栏中的【文件】→【打开】命令，打开素材"资源\项目9\素材\01.ai"，将素材移动到当前文档中并调整好素材的大小和位置。设置素材的描边色为【C：0%，M：20%，Y：60%，K：20%】，在【透明度】面板中设置【混合模式】【叠加】，【不透明度】为【42%】，效果如图 9-55 所示。

图9-54 渐变参数设置　　图9-55 素材描边色和透明度设置

【步骤5】绘制矩形，填色为【C：62%，M：86%，Y：100%，K：55%】，描边色为无，效果如图9-56所示。

【步骤6】打开素材"资源＼项目9＼素材＼02.ai"，将素材移动到当前文档中并调整好素材的大小和位置。设置素材径向渐变填色：左渐变滑块区域为【C：3%，M：8%，Y：32%，K：0%】，右渐变滑块区域为【C：8%，M：18%，Y：64%，K：0%】，描边色为无，效果如图9-57所示。

图9-56 绘制矩形并填色、描边　　图9-57 素材描边色和透明度位置

【步骤7】绘制矩形，填色为【C：62%，M：86%，Y：100%，K：55%】，描边色为无，效果如图9-58所示。

【步骤8】打开"资源＼项目9＼素材＼01.ai"，移动到当前文档中并调整大小和位置，建立剪切蒙版。在【透明度】面板中设置剪切组的【混合模式】【叠加】，效果如图9-59所示。

【步骤9】按照【步骤6】的方法添加装饰纹理，效果如图9-60所示。

图9-58 绘制矩形并填色、描边　　图9-59 透明度设置　　图9-60 添加装饰纹理

【步骤 10】用同样的方法添加手提袋主体的其他内容，效果如图 9-61 所示。

【步骤 11】用【矩形工具】和【钢笔工具】绘制手提袋的折叠部分，效果如图 9-62 所示。

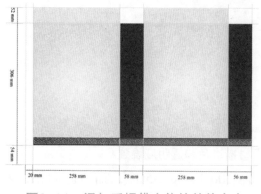

图9-61　添加手提袋主体的其他内容

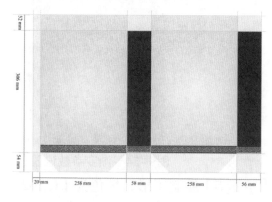

图9-62　绘制手提袋折叠部分

【步骤 12】用【椭圆工具】绘制正圆形，填色为无，描边色为【C：62%，M：86%，Y：100%，K：55%】，【描边】面板中的参数设置如图 9-63 所示，效果如图 9-64 所示。

图9-63　正圆形描边位置

图9-64　正圆形描边效果

【步骤 13】使用【直线工具】绘制虚线，【描边】面板中的参数设置如图 9-65 所示，放置在手提袋折痕处，并绘制穿孔，效果如图 9-66 所示。

图9-65　虚线描边效果

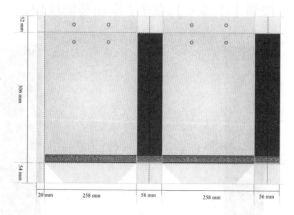

图9-66　绘制虚线和穿孔

【步骤 14】使用【文字工具】输入文字"尚学堂"，字体为【方正粗谭黑简体】，填色为【C：62%，M：86%，Y：100%，K：55%】，效果如图 9-67 所示。

【步骤 15】选择文字并右击，在弹出的快捷菜单中执行【创建轮廓】命令，用【直接选择工具】调整文字形状、颜色，并绘制矩形效果，如图 9-68 所示。

图9-67 输入文字"尚学堂"   图9-68 绘制矩形效果

【步骤 16】使用【矩形工具】绘制矩形，填色为【C：9%，M：60%，Y：92%，K：0%】，描边色为无，使用【直接选择工具】调整形状，效果如图 9-69 所示。

【步骤 17】使用【文字工具】输入文字"教育"，字体为【叶根友刀锋黑草】，填色为白色；输入字母"EDUCATION"，字体为【Copperplate Gothic Light】，填色为黑色，效果如图 9-70 所示。

图9-69 绘制并调整矩形形状   图9-70 输入文字和字母

【步骤 18】将设计好的徽标放在平面图上，并添加投影，效果如图 9-71 所示。成品效果如图 9-72 所示。

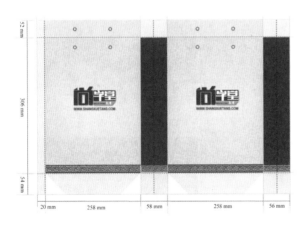

图9-71 最终效果   图9-72 成品效果

项目 10

书籍装帧设计

■知识准备

■项目实战

■拓展设计——散文封面装帧

书籍装帧是书籍生产过程中的装潢设计工作，又称书籍艺术。书籍装帧是指在书籍生产过程中将材料和工艺、思想和艺术、外观和内容、局部和整体等组成和谐、美观的整体艺术。图10-1所示是书籍装帧示例。

图10-1　书籍装帧示例

10.1　知识准备

10.1.1　建立混合对象

使用【混合】命令和混合工具，可以从两个或多个选定图形之间创建一系列的中间对象的形状和颜色。

1. 使用混合工具创建

在工具箱中单击【混合工具】按钮，然后将鼠标指针移动到第一个图形对象上，当鼠标指针变成如图10-2所示的形状时，单击第一个图形对象，然后移动鼠标指针到另一个图形对象上，再次单击，即可在两个图形之间建立混合过渡效果，如图10-3所示。

图10-2　鼠标指针形状　　　　　　　　　图10-3　混合过滤效果

2. 使用混合命令创建

在文档中，使用【选择工具】选择要进行混合的图形对象，如图10-4所示，然后执行菜单栏中的【对象】→【混合】→【建立】命令，即可将选择的两个或两个以上的图形对象建立混合过渡效果，如图10-5所示。

图10-4　选择混合的图形对象

图10-5　混合过滤效果

10.1.2　混合选项

混合后的图形还可以通过【混合选项】对话框设置混合间距和混合的取向。选择一个混合对象，然后执行菜单栏中的【对象】→【混合】→【混合选项】命令，打开如图 10-6 所示的【混合选项】对话框，利用该对话框对混合图形进行修改。

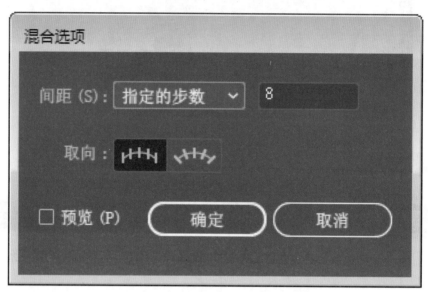

图10-6　【混合选项】对话框

在【混合选项】对话框中各参数含义说明如下。

（1）间距：用来设置混合的过渡方式。在其右侧的下拉列表中包括【平滑颜色】【指定的步数】【指定间距】3 个选项。【平滑颜色】可以在不同颜色填充的图形对象之间自动计算一个合适的混合的步数，达到最佳的颜色过渡效果。【指定的步数】表示指定混合的步数，即在混合过渡中产生几个过渡图形。【指定间距】表示指定混合图形之间的距离，指定的间距按照一个对象的某个点到另一个对象的相应点来计算。

（2）取向：用来控制混合图形的走向。【对齐页面】表示指定混合过渡图形的方向沿页面的 X 轴方向混合。【对齐路径】表示指定混合过渡图形方向沿路径方向混合。

10.1.3　扩展混合对象

混合的图形还可以扩展，这样可以将混合的图形分解出来，使它们变成单独的图形，以便更精细地进行编辑和修改。

选择混合对象，如图 10-7 所示，执行菜单栏中的【对象】→【混合】→【扩展】命令，完成效果如图 10-8 所示。扩展后的图形是一个组，可以使用【选择工具】进行选择，若要单独编辑，则执行【取消编组】命令。

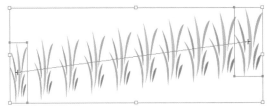
图10-7　选择混合对象

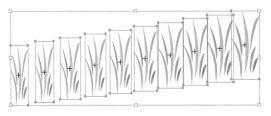
图10-8　扩展混合对象

10.1.4　网格工具

使用网格工具创建网格，首先在工具箱中单击【网格工具】按钮▦，然后在工具箱中的填充颜色位置设置颜色为无，接着将鼠标指针移动到要创建网格渐变的图形上，此时鼠标指针变成如图 10-9 所示的形状，单击即可在当前位置创建网格，效果如图 10-10 所示。

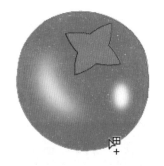
图10-9　鼠标指针形状

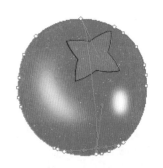
图10-10　创建网格

10.1.5　编辑网格

要想编辑渐变网格，首先要选择网格的锚点或网格区域。使用【网格工具】可以选择锚点，但不能选择网格区域，所以一般都使用【直接选择工具】来选择锚点或网格区域，其使用方法与编辑路径的方法相同，只需要在锚点上单击，即可选中该锚点，如图 10-11 所示，选中的锚点将显示为黑色实心效果，而没有被选中的锚点将显示为空心效果。

使用【直接选择工具】在需要移动的锚点上，按住鼠标左键拖动，到达合适的位置后释放鼠标，即可将该锚点移动。采用同样的方法可以移动网格区域，效果如图 10-12 所示。

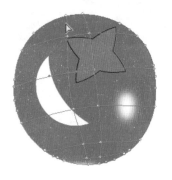
图10-11　选中锚点网格

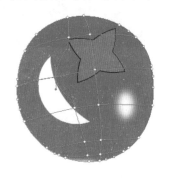
图10-12　移动网格区域

10.1.6　为锚点或网格区域着色

创建完网格后可以为网格修改颜色。首先使用【直接选择工具】选择锚点，然后确定工具箱中的填充颜色为当前状态，单击【色板】面板中的某种颜色，即可为锚点着色，完成后的效果如图 10-13 所示。

图10-13　锚点填色效果

10.1.7　画笔面板

Illustrator 提供了预设的各种画笔效果，可以打开这些预设的画笔来使用，绘制更加丰富的图形。执行菜单栏中的【窗口】→【画笔】命令，即可打开如图 10-14 所示的面板。

图10-14　【画笔】面板

（1）打开画笔库：单击【画笔】面板右上角的菜单，将打开【画笔】面板菜单，如图 10-15 所示，执行【打开画笔库】命令，然后在其子菜单中选择需要打开的画笔即可。

图10-15 【画笔】面板菜单

（2）选择画笔：打开画笔库后，如果要选择某一种画笔，则直接单击该画笔即可。如果要选择多个画笔，则可以按 <Shift> 键和 <Ctrl> 键。

（3）画笔的显示或隐藏：为了方便选择，可以将画笔按类型显示，在【画笔】面板中选择相关的选项即可。显示相关画笔后，在该命令前会出现一个对号；如果不想显示，则再次单击，即可取消。

（4）删除画笔：如果不想保留某些画笔，可以将其删除。在【画笔】面板中选择要删除的一个或多个画笔，然后单击底部的【删除画笔】按钮，将弹出一个【询问】对话框，询问是否删除选定的画笔，单击【确定】按钮即可。

10.1.8 画笔工具

【画笔】面板中所提供的画笔库一般是结合【画笔工具】来应用的，在使用【画笔工具】前，可以在工具箱中双击【画笔工具】，打开如图 10-16 所示的对话框，对画笔的各项参数可以进行设置。

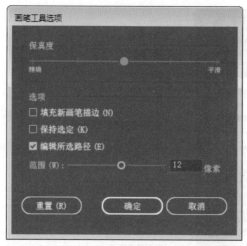

图10-16　【画笔工具选项】对话框

【画笔工具选项】对话框中各参数的含义说明如下。

（1）保真度：设置画笔绘制路径曲线时的精确度。其值越小，绘制的曲线就越精确，相应的锚点也就越多；其值越大，绘制的曲线就越粗糙，相应的锚点也就越少，取值范围为0.5~20像素。

（2）平滑度：设置画笔绘制曲线的平滑程度。其值越大，绘制的曲线越平滑，取值范围为0%~100%。

（3）填充新画笔描边：勾选该复选按钮，当使用【画笔工具】绘制曲线时，将自动为曲线内部添加填充色；如果取消该复选按钮，则绘制的曲线内部将不填充颜色。

（4）保持选定：勾选该复选按钮，当使用【画笔工具】绘制曲线时，绘制出的曲线将处于选中状态；如果取消该复选按钮，则绘制的曲线将不被选中。

（5）编辑所选路径：勾选该复选按钮，则可编辑选中的曲线路径。可以使用【画笔工具】改变现有选中的路径，并可以在【范围】文本框中设置编辑范围。

10.1.9　书籍装帧欣赏

书籍装帧欣赏示例如图10-17所示。

（a）

（b）

图10-17　书籍装帧欣赏示例

（a）书籍装帧"舍得"；（b）书籍装帧"食全食美"

10.2 项目实战

10.2.1 项目实操

【步骤 1】新建画板：宽度为 402 mm，高度为 260 mm，方向为横向，颜色模式为 CMYK。

【步骤 2】绘制矩形，宽度为 189mm，高度为 260 mm，填色为【C：10%，M：5%，Y：2%，K：0%】，描边色为无，效果如图 10-18 所示。

【步骤 3】绘制六边形，填色为无，描边色为黑色，描边粗细为 0.5 pt，效果如图 10-19 所示。

【步骤 4】沿六边形的两边分别绘制两条直线，描边色为黑色，描边粗细为 0.5 pt，效果如图 10-20 所示。

图10-18　绘制矩形并填色

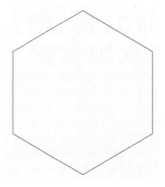
图10-19　绘制六边形并填色、描边

图10-20　绘制两条直线并填色、描边

【步骤 5】选中两条直线，然后执行菜单栏中的【对象】→【混合】→【混合选项】命令，将打开【混合选项】对话框，在对话框中设置参数如图 10-21 所示，建立混合效果，如图 10-22 所示。

图10-21　设置直线混合参数

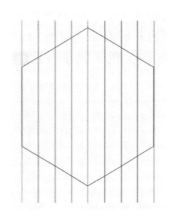
图10-22　直线混合效果

【步骤 6】选择混合对象并右击，在弹出的快捷菜单中执行【变换】→【旋转】命令，然后在打开的【旋转】对话框中设置旋转参数，单击【复制】按钮，如图 10-23 所示，效果如图 10-24 所示。

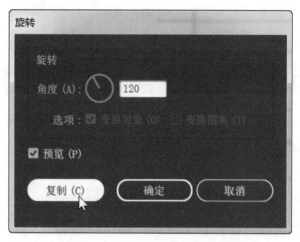

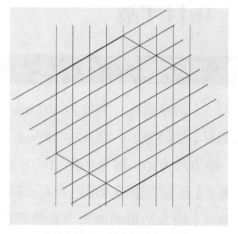

图10-23　设置混合对象旋转参数　　　　　　图10-24　旋转混合对象

【步骤 7】以同样的方法，再旋转 -120°，效果如图 10-25 所示。

【步骤 8】选中所有对象，然后执行菜单栏中的【对象】→【扩展】命令将打开【扩展】对话框，在对话框中进行参数的设置，如图 10-26 所示。

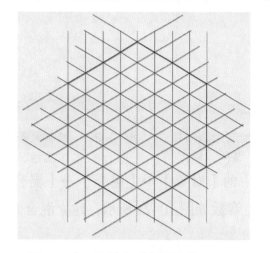

图10-25　将混合对象再旋转-120°　　　　　图10-26　设置所有对象扩展参数

【步骤 9】保持路径的选择，设置填色为【C：80%，M：100%，Y：22%，K：0%】，在工具箱中单击【实时上色工具】按钮，为编组上色，效果如图 10-27 所示。

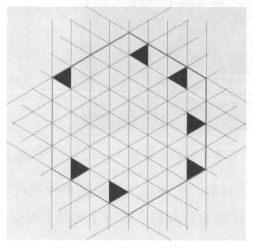

图10-27　编组上色效果

【步骤 10】用同样的方法为编组的其他部分上色，颜色的设置参数如图 10-28 所示，设置上色后编组的描边色为无，效果如图 10-29 所示。

C: 80   M: 100   Y: 22   K: 0
C: 50   M: 5   Y: 7   K: 0
C: 97   M: 95   Y: 49   K: 20
C: 83   M: 63   Y: 13   K: 0
C: 60   M: 10   Y: 32   K: 0
C: 10   M: 3   Y: 5   K: 0
C: 29   M: 3   Y: 4   K: 0

图10-28   颜色参数的设置   图10-29   编组其他部分上色效果

【步骤 11】使用【直排文字工具】输入文字"色彩构成"，字体为【方正粗谭黑简体】，填色为【C：98%，M：95%，Y：48%，K：17%】，创建轮廓，取消编组。调整"色"字的大小，填充渐变色，其参数设置如图 10-30 所示。添加英文文字，效果如图 10-31 所示。

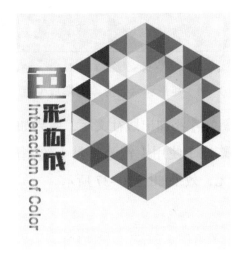

C: 75%, M: 100%, Y: 0%, K: 0%
C: 2%, M: 48%, Y: 0%, K: 0%
C: 70%, M: 15%, Y: 0%, K: 0%
C: 100%, M: 95%, Y: 5%, K: 0%

图10-30   渐变参数的设置   图10-31   添加英文文字

【步骤 12】绘制六边形，摆放位置如图 10-32 所示。

【步骤 13】添加作者信息，字体为【黑体】，填色为【C：98%，M：95%，Y：48%，K：17%】，描边色为无，绘制两个椭圆，并放置在文字之间，效果如图 10-33 所示。

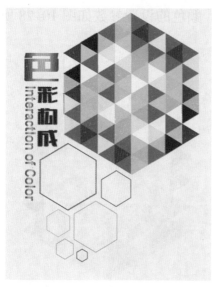

图10-32　六边形摆放位置

图10-33　添加作者信息并绘制椭圆

【步骤 14】绘制矩形，复制六边形编组，摆放位置如图 10-34 所示。建立剪切蒙版，效果如图 10-35 所示。

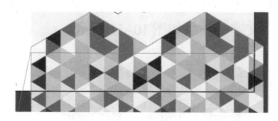

图10-34　矩形和六边形编组摆放位置

图10-35　建立剪切蒙版

【步骤 15】添加出版社文字，效果如图 10-36 所示。

【步骤 16】使用【钢笔工具】绘制路径，填色为【C：74%，M：28%，Y：13%，K：0%】，描边色为无，效果如图 10-37 所示。

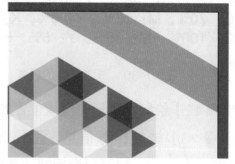

图10-36　添加出版社文字图10-37　绘制路径并填色、描边

【步骤 17】添加教材属性文字，字体为【黑体】，填色为白色，效果如图 10-38 所示。整体效果如图 10-39 所示。

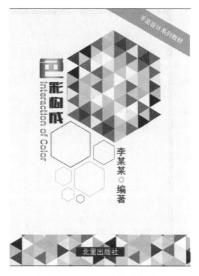

图10-38 添加教材属性文字　　　　　　图10-39 整体效果

【步骤 18】绘制矩形，宽度为 25 mm，高度为 260 mm，填色为【C：74%，M：28%，Y：13%，K：0%】，描边色为无，效果如图 10-40 所示。

【步骤 19】将剪切组复制一份，调整大小和位置，效果如图 10-41 所示。

【步骤 20】添加文字和椭圆，效果如图 10-42 所示。

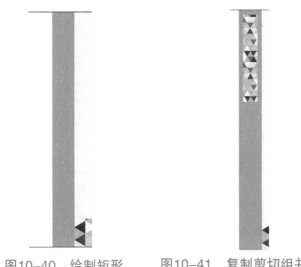

图10-40 绘制矩形　　　图10-41 复制剪切组并调整　　　图10-42 添加文字和椭圆
　　　　　　　　　　　　　　　　大小和位置

【步骤 21】绘制矩形，宽度为 189 mm，高度为 260 mm，填色为【C：10%，M：5%，Y：2%，K：0%】，描边色为无，放置位置如图 10-43 所示。

【步骤 22】将六边形编组复制一份，放置位置如图 10-44 所示。

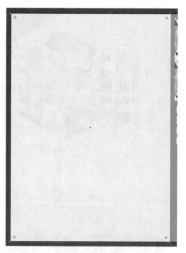

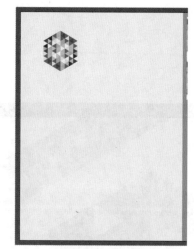

图10-43　矩形放置位置　　　　　　图10-44　复制的六边形编组放置位置

【步骤 23】添加文字和矩形，摆放位置如图 10-45 所示。

【步骤 24】复制六边形，适当缩放，摆放位置如图 10-46 所示。

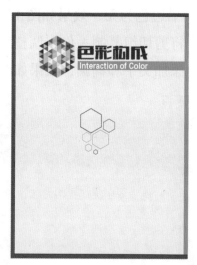

图10-45　文字和矩形摆放位置　　　　　图10-46　六边形摆放位置

【步骤 25】置入素材"资源 \ 项目 10\ 素材 \ 条形码 .jpg"并添加文字和矩形，效果如图 10-47 所示。最终效果如图 10-48 所示，成品效果图 10-49 所示。

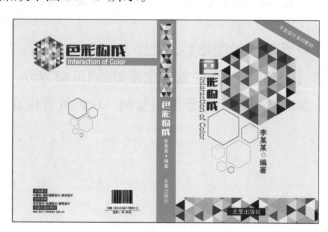

图10-47　置入素材并添加文字和矩形　　　图10-48　最终效果

图10-49 成品效果

10.2.2 项目小结

封面设计是书籍装帧设计艺术的门面，它是通过艺术形象设计的形式来反映书籍的内容。在当今琳琅满目的书籍中，其封面起到一个无声的推销员作用，它的好坏在一定程度上将会直接影响人们的购买欲。

10.3 拓展设计——散文封面装帧

【步骤1】新建画板：宽度为 300 mm，高度为 204 mm，方向为横向，颜色模式为 CMYK。

【步骤2】绘制矩形：宽度为 140 mm，高度为 204 mm，填色为白色，描边色为无。

【步骤3】单击工具箱中的【网格工具】按钮，在矩形上单击，添加网格，效果如图 10-50 所示。

【步骤4】使用【直接选择工具】选择网格上的锚点，填色为【C：23%，M：17%，Y：17%，K：0%】，效果如图 10-51 所示。

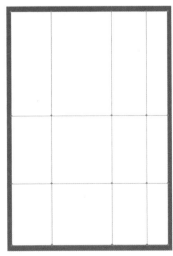

图10-50 添加网格　　　　图10-51 选择锚点并填色

【步骤 5】为其他锚点分别设置填色，效果如图 10-52 所示。

【步骤 6】使用【直接选择工具】调整锚点的位置，改变曲线形状，效果如图 10-53 所示。

【步骤 7】置入"资源 \ 项目 10\ 素材 \01.jpg"，调整好大小和位置，效果如图 10-54 所示。

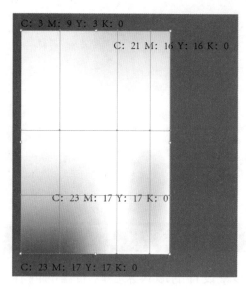

图10-52 设置其他锚点的填色

图10-53 调整锚点位置，改变曲线形状

图10-54 置入素材并调整大小和位置

【步骤 8】绘制正圆形，填充渐变色，【渐变】面板中的参数设置如图 10-55 所示，效果如图 10-56 所示。

图10-55 【渐变】面板中的参数设置

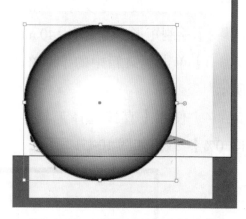

图10-56 正圆形渐变色填充效果

【步骤 9】选择正圆形和素材图，在【透明度】面板中单击【制作蒙版】按钮，如图 10-57 所示，建立透明蒙版，效果如图 10-58 所示。

图10-57　单击【制作蒙版】按钮　　　　　　图10-58　建立透明模板

【步骤10】绘制与封面等大的矩形，选择矩形和链接的对象，建立剪切蒙版，效果如图10-59所示。

【步骤11】使用【直排文字工具】输入文字"荷塘月色"，字体为【方正吕建德字体】，效果如图10-60所示。

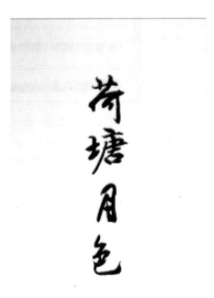

图10-59　建立剪切蒙版　　　　　　　　图10-60　输入字体

【步骤12】创建轮廓，取消编组，将"荷"字放大并调整位置，效果如图10-61所示。使用【直接选择工具】调整"荷"字，效果如图10-62所示。

图10-61　放大"荷"字并调整位置　　　　图10-62　使用【直接选择工具】调整"有"字

【步骤 13】使用【画笔工具】绘制曲线，效果如图 10-63 所示。在【画笔】面板中选择【书法】笔刷，如图 10-64 所示，效果如图 10-65 所示。

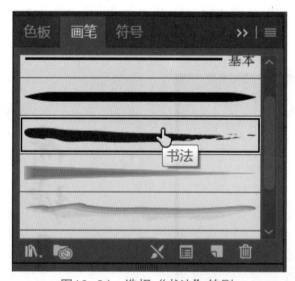

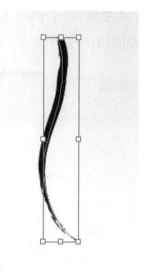

图10-63　使用【画笔工　　　图10-64　选择"书法"笔刷　　　图10-65　使用【书法】
　　　　　具】绘制曲线　　　　　　　　　　　　　　　　　　　　　　　　笔刷的效果

【步骤 14】将路径摆放在"荷"字下方，效果如图 10-66 所示。

【步骤 15】添加其他文字和矩形，效果如图 10-67 所示。最终效果如图 10-68 所示。

图10-66　路径摆放位置　　　图10-67　添加其他文字和矩形　　　图10-68　最终效果

【步骤 16】用【矩形工具】绘制矩形，宽度为 20 mm，高度为 204 mm，填色为【C：6%，M：26%，Y：7%，K：0%】，描边色为无，效果如图 10-69 所示。

【步骤 17】使用【文字工具】输入文字，效果如图 10-70 所示。

图10-69　绘制矩形并填色、描边　　　　　图10-70　输入文字

【步骤 18】绘制封底，置入素材"资源 \ 项目 10\ 素材 \02.jpg"，绘制正圆形，摆放位置如图 10-71 所示。建立透明蒙版并添加文字，效果如图 10-72 所示。

图10-71   正圆形摆放位置

图10-72   建立透明蒙版并添加文字

【步骤 19】打开符号库中的【污点矢量包】面板，如图 10-73 所示，将【污点矢量包 11】符号拖动到画布中，断开符号链接，更改填色，放置位置如图 10-74 所示。

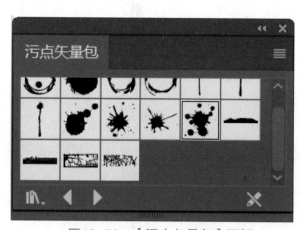

图10-73   【污点矢量包】面板

图10-74   符号放置位置

【步骤 20】添加文字和条形码，最终效果如图 10-75 所示，成品效果如图 10-76 所示。

图10-75　最终效果

图10-76　成品效果

参 考 文 献

［1］李金蓉 . Illustrator 完全实战技术手册［M］. 北京：清华大学出版社，2016.

［2］赵争强，杜兵 . Illustrator 基础教程［M］. 西安：西安交通大学出版社，2015.